Architecture Dramatic 丛书

无障碍环境设计

——刺激五感的设计方法

〔日〕田中直人 保志场国夫 著

陈浩 陈燕 译

中国建筑工业出版社

著作权合同登记图字：01-2010-7054号

图书在版编目（CIP）数据

无障碍环境设计——刺激五感的设计方法／（日）田中直人，（日）保志场国夫
著；陈浩，陈燕译．—北京：中国建筑工业出版社，2013.3
（Architecture Dramatic 丛书）
ISBN 978-7-112-14784-7

Ⅰ．①无…　Ⅱ．①田…②保…③陈…④陈…　Ⅲ．①残疾人-公共建筑-建筑设
计-环境规划-日本②残疾人-公共建筑-建筑设计-环境规划-丹麦③残疾人-
城市公用设施-建筑设计-环境规划-日本④残疾人-城市公用设施-建筑设计-
环境规划-丹麦　Ⅳ．①TU242②TU984

中国版本图书馆 CIP 数据核字（2012）第249177号

Japanese title:Gokan wo shigekisuru Dezain
　　　　　　by Naoto Tanaka & Kunio Hoshiba
Copyright © 2002 by Naoto Tanaka & Kunio Hoshiba
Original Japanese edition
published by SHOKOKUSHA Publishing Co., Ltd., Tokyo, Japan

本书由日本彰国社授权翻译出版

责任编辑：孙立波　刘文昕　白玉美
责任设计：董建平
责任校对：陈晶晶　刘　钰

Architecture Dramatic丛书
无障碍环境设计
——刺激五感的设计方法
[日] 田中直人　保志场国夫　著
陈浩　陈燕　译

*
中国建筑工业出版社出版、发行（北京西郊百万庄）
各地新华书店、建筑书店经销
北京嘉泰利德公司制版
北京建筑工业印刷厂印刷
*
开本：787×1092毫米　1/32　印张：6¾　字数：150千字
2013年4月第一版　2013年4月第一次印刷
定价：30.00元
ISBN 978-7-112-14784-7
　　　　（22829）

序——来自丹麦的问候和致意

保罗·奥斯特加德

（建筑家，丹麦奥胡斯建筑大学教授）

　　本书在将丹麦公共建筑的空间典型案例逐一介绍给读者的同时，也把丹麦建筑师严谨务实的作风和公众至上的设计理念展现给各位读者。本书的作者通过自己在丹麦亲身考察的经历，从中精选各种典型的建筑案例，其中既体现崭新的建筑设计思想，也有设计水平高超的无障碍化的建筑范本。这些建筑从残疾人士的视角出发，精心构思各种无障碍化设计方案，使残疾人士可以方便自如地使用这些无障碍化设施，或去美术馆欣赏各种艺术作品，或在学校里认真学习，或能独自自理在宿舍内的生活，还可以观赏周围各种美丽的景致。本书从多个侧面给读者展示了残疾人士利用无障碍化设施可以和健全人一样正常地生活和活动的场景。本书所列举的相关无障碍化设计实例或许能作为从事无障碍化设计的专业人士提供有意义的参考。

我们的社会应全面树立无障碍化设计的思想。无障碍化设计不能仅是专业人士为残疾人士所进行的专门设计，应当成为全社会对残疾人士所体现的人文关怀和关注。建筑师和设计师在进行建筑物的空间设计时，要从残疾人士的视角出发，切身去领会残疾人士的不同需求，使设计出来的方案能满足不同人士的需要，所设计出的建筑成为真正有价值的建筑设施。

丹麦的政府主管部门制定了专门的无障碍化设计标准体系，并负责承担解释及有关的事宜。政府的有关部门在自身所管辖的住宅、交通设施、信息技术、劳动保障等相关领域也全力推广无障碍化。例如丹麦的文化部（Ministry of Culture），设立了专门的"无障碍化特别奖"，以表彰在各种文化活动中为实现无障碍化作出了突出贡献的团体和个人。2001年丹麦文化部将"无障碍化特别奖"授予了为实现无障碍化作出突出贡献的一所公立图书馆和一所经过专门无障碍化改建的肉类加工厂。另外丹麦文化部为鼓励和建筑相关专业的学生能从入学开始就理解无障碍化设计的思想，决定在不久的将来进一步地完善相关专业的课程体系，使学生树立牢固无障碍化设计思想。

本人从 1995 年开始为立志要成为建筑大师的学生们宣讲人生的价值，向学生讲授人与人之间相互理解的重要性。特别是通过本人亲自乘坐轮椅，到奥胡斯市的不同单位（包括大学）进行巡回授课，结合乘坐轮椅的亲身体验向学生们讲授自己对现实社会多样性涵义的深刻理解，宣传实现全社会无障碍化的重要性。

本书倾注了作者的大量心血，在此衷心地祝贺其出版问世。日本的建筑曾经给予丹麦的建筑师完全不同建筑风格的启迪，希望本书也能为激发日本建筑师和设计师的设计灵感起到有益的帮助作用。

保罗·奥斯特加德
2002 年 3 月 29 日

目录

前言

专门为视觉障碍患者铺设盲道用的黄色方砖，其上面凹凸不平的条纹，是视觉障碍患者行走时的指示标识。这种专用的"指示标识"可以被看成是无障碍化设计☆(1)中的一种典型代表案例。为什么采用黄色作为盲道方砖的颜色，我们可以听到类似下面的观点。"主要为视觉障碍患者着想才选用黄颜色的方砖。因为选择和人们熟知的环境不一样的颜色作为色彩标识，才能起到更好的指示效果，不必考虑和周围的景观色彩相互协调性。""视觉不好的人士当中很多人患有弱视症，为了凸显和周围的颜色不一样，选择黄颜色的效果更为理想，黄颜色的色彩感觉非常突出。"

类似日本用凹凸不平条纹的盲道方砖作为指示标识的国家并不多。在丹麦的大型火车站附近地面上也铺设着类似用作指示标识的方砖，但在一般的地方很少见。那么，丹麦的视觉障碍患者不会感觉到生活上有什么不便吗？建筑师在设计公用设施时还会采用其他的方法代替这种指示标识，而视觉障碍患者在使用时也不会有不方便的感觉。设计师采用了很多视觉健全人可能并不太关注的，但是对视觉障碍患者来说确是非常有效的无障碍化设计

☆（1）无障碍化设计

1974 年，在联合国召开的残疾人生活环境专门会议上发表的最后文件中提出了"无障碍化设计"的概念，并且人们开始广泛应用无障碍化设计一词。最初建筑障碍（architectural barriers）只是建筑领域中的专用术语，但是在此基础上引申出来了"无障碍化"一词，在建筑业的专业人士之间开始广泛地使用。

日本在 1995 年发表了《残疾人士白皮书》，书中提出要逐步实现适合残疾人士生活的无障碍化社会环境。既要消除交通设施和建筑设施中针对残疾人士出行等各种物理上的障碍，也要消除在学校中限制残疾人士求学等各种制度上的障碍，还要消除公用设施中各种指示信息不完备等设计上的障碍，特别要消除缺乏和残疾人士沟通而造成的认识上的障碍。上述的 4 种"障碍壁垒"阻碍着日本实现无障碍化社会的理想。

手段。例如利用走廊悠长和曲折的布局，使得说话声音的回声存在着差异；或者顶棚的高度变化，使得人在地面上走步时发出的叮叮作响的回声也发生了改变（本书后续会有专门的介绍）。视觉障碍患者和身体健全人相比，其听觉器官会变得更为敏感。这种专门针对听觉所采用的"回声"特别设计手段，更利于视觉障碍患者感知其所处的周边环境。尽管没有安装"特别"的导盲铃，但是通过采用高度不一顶棚的设计方式，也可以让视觉障碍患者感知周围的一切。本书收集了很多类似的案例将陆续介绍给读者。

近年来日本已经全面步入到老龄化社会，需要重新改造各种公共建筑设施以适应老龄化的社会环境。为实现真正的福利型社会，日本应从改造现有的建筑物入手，进而逐步改造道路、公园、各种交通设施，全面实现"无障碍化设计"。消除现有公用设施中针对残疾人士存在的各种障碍，改善现有的生活环境，使身体行动不便的人士能和身体健全的人一样愉快、平安地生活。

人们需要重新审视如何才能实现福利型社会的问题，建设怎样的社会环境才能实现福利型社会的理想，这可能是建筑师和设计师们需要认真思考和面对的问题。

时至今日日本才开始认识到无障碍化设计对老龄人士和残疾人士的重要性，并且开始对老龄人士和残疾人士生活的区域及周

☆（2）标准化和常态化

这里所指的无障碍化环境建设不是专门针对老龄人士和残疾人士，而是实现福利型社会的基本要求。20世纪60年代丹麦社会福利部的高级官员 N·E· 邦克·米克卢森率先提出了"标准化和常态化"的观点。当时丹麦残疾人使用的大型福利设施多数都建设在郊外，由于其远离城市，给残疾人士在教育、工作、休闲、生活、居住等方面带来了一系列的社会问题。因此他提出了需要认真考虑残疾人士和普通市民生活在同一社会的愿望。这种思想被"联合国残疾人十年活动计划（1983-1992）"所采纳，日本也以此作为建设无障碍化设施、实现福利型社会的指导思想。

边环境进行无障碍化设施的改造工作。实现福利型社会的理想不能仅依靠少数人的努力，还需要全体人民的共同努力，让使用轮椅一类的行动不便人士，都能实现和健全人一样的生活愿望。很多国家都将建设面向老龄人士和残疾人士的无障碍化环境看成是保障人类基本人权的一种必然政策措施，并通过法律手段，使之成为实现福利型社会所必须进行的工作。无障碍化环境建设已经日趋"标准化和常态化"☆(2)，并已经深入人心成为现代社会的共识。只有建设好福利型社会，才能真正实现普世价值的理想。

近年来，原来只针对特定人群所采取的无障碍化设计观念已经逐渐转变为针对"全体人民"的"通用设计"☆(3)思想。"通用设计"的思想是最早起源于美国的一种设计理念，其中心思想是：设计应成为能让更多人使用所设计出来的"共用品"☆(4)。日本也曾长时期受这种观点的影响，进行各种无障碍化设计的开发研究。美国依照 ADA☆(5)法律的规定，要求各级地方政府对现有的建筑实施无障碍化设施的改造，保障行动不便人士的基本人权。通过实施无障碍化设施建设，美国为世界留下了很多无障碍化设计的经典范例。

本书中所列举的实例和朗·麦斯（Ron·Mace）所倡导的通用设计的七大基本原则☆(6)存在着一定差异。只要以人们自身生

☆（3）通用设计
近来经常使用的"通用设计"一词是指"针对全体人民的设计"。美国国立残疾人康复研究所的通用设计中心于 1989 年对"通用设计"一词的背景和涵义作过专门的定义，认为通用设计是："无需考虑人的年龄和身体状况，能使更多的人受益的产品设计和建筑设计。这种设计给人以美感，并能便于人们的使用"。
☆（4）共用品
共用品推进机构（日本财团法人）使用的专门术语。
☆（5）ADA
1990 年 7 月在美国开始实施的无障碍化设计的法律。即：American swith Disabilities Act。要求在各种用人和服务机构、公共交通（车辆、车站内）、信息通信等领域，消除各种歧视和存在的差别，实现无障碍化。凡在公用建筑中未实现无障碍化的产权人和经营者，都可以成为民事诉讼的对象。若现有的建筑规章与此法相悖，必须依此法执行，否则法院将视为不法行为予以严惩。

活的舒适与否作为设计前提，就能超越七大基本原则的束缚。今天通用设计的观念已经广泛地被人们所接受，人们需要认真思考通用设计所实现的效果究竟如何，在通用设计的设施中是否真正实现了无障碍化设计的目标。

人们一谈到福利型社会，很自然就会联想到北欧的瑞典、丹麦这些著名的福利型先进国家，这些国家已经建立起非常完善的各种福利化社会制度。在作者考察这些福利型先进国家时，通过观察和走访丹麦的无障碍化设计的建筑案例，认识到对空间和环境的改造是建设温馨社会生活环境的重要保证。随着时间的流逝，人们需要重新认识如何在新世纪的工程建筑中体现人文关怀的无障碍化设计理念。

日本已经从老龄化社会进入到老龄社会☆(7)，针对老龄人等行动不便的人士，建设和改造他们生活的住宅和公用设施已经成为摆在我们面前的迫切问题，采用何种设计方式，才能创造适合他们生活的社会环境。在借鉴福利化设施先进国家经验的同时，设计师需要充分考虑日本的实际国情，才能构筑符合日本特点的生活环境。本书以对建筑和环境的设计为突破口，关注在实际设计中如何"刺激感觉器官"，发掘在新思想指导下的设计范例☆(8)，以期能为读者在实现人性化社会环境的工作中提供帮助。

☆(6) 7大基本原则
①公平使用（Equitable use）。②灵活使用（flexibility in use）。③简洁而直观（simple and intuitive）。④简明的信息（perceptible information）。⑤允许失误（tolerance for error）。⑥节省体力（low fiscal effort）。⑦合理利用空间（size and space for approach and use）。※以上是作者本人依照其英文所翻译的七大原则的涵义，欲想正确理解通用设计的内涵请参照（http://www.design.ncsu.edu/cud/index.html）。

☆(7) 老龄化社会和老龄社会
在1995年召开的联合国会议上，规定凡65岁以上的老龄人口达到7%以上的国家为步入到老龄化社会（aging society），凡65岁以上的老龄人口达到14%以上的国家为老龄社会（aged society）。

☆(8) 范例
英文：paradigm。其含义是指从事科学研究的人员经过反复地理论思考之后，创造出符合该理论模型的实际事例，并对推广该理论具有重要的指导意义。

第一章
从刺激感觉器官出发，统筹建筑空间设计

为什么选择丹麦?

地处北欧地区的丹麦、瑞典、挪威是众所周知的高税收和高福利化的国家。尽管人们对北欧国家这样的制度还颇有议论,但是其完备的高福利社会体系是不争的事实。丹麦是其中引人瞩目的具有独特福利体系的先进国家,例如:在丹麦哥本哈根和奥胡斯两个城市,不仅有为患有痴呆症的老龄人士提供服务的各种福利设施,同时也能为普通的老龄人士提供所需的各种服务。由于丹麦的国家体制决定了其地方政府拥有足够的权力,因而丹麦的各个城市可以制定各具特色的福利政策。瑞典的福利专家在制定本国政策的时候,也从丹麦老龄人的福利制度中借鉴了很多成功的经验。

引人瞩目的是丹麦所有的市民都参与社会的各项决策活动☆(1),不仅是积极参加各种社会服务,而且每个人都参与福利型社会的建设。由于在参加各种活动的过程中人们相互交流思想,因此可以促进建设高品质的社会福利项目,整个社会的软件建设也会逐渐完善起来。如果大家对某件事情分歧较大,人们会推迟表决的日程,以期取得更多的社会共识。人们对丹麦否决欧元区一体化进程的表决☆(2)一事可能还记忆犹新,这体现了丹麦人的做事风格。对于反复考虑事情利弊的日本来说,从中可以学到不少值得借鉴的经验。丹麦是全

☆(1)市民都参与社会的各项决策活动

丹麦一般以举行各种研讨会的形式来商讨解决问题。以 NGO(非政府组织)的形式,分别听取市民和政府方面的建议和意见,或集中在一起讨论,从中解决问题并研讨今后需要制定的政策。由于在决策的过程中积极采纳了多方的建议,因而使其出台的政策更能集中地体现民意民情。

☆(2)否决欧元区一体化进程的表决

2000 年 9 月,丹麦在全面公决中否决了加入欧元区一体化的进程。投票表决的结果是:反对票为 53%,赞成票为 47%,投票率为 88%。当时的丹麦拒绝加入欧元区一体化进程的理由是:会造成丹麦福利化社会制度的崩溃,会侵害到国家的主权等。

体人民为了实现福利型社会的目标积极参与努力。而日本则把实现福利型社会的工作看成是部分人的事情，在大多数的场合是由少量的业内人士替代市民推进各项工作的进程。由于决策和实施的过程完全不同，建设者和使用者的立场不一，因而使得在建筑设计和室内装饰设计的质量上和市民满意度相比存在着相当大的差异。现在是一切要从使用者视角出发的时代，日本目前这样的实施和决策方式已经完全落后于时代的需求。

丹麦值得关注的有六个主要因素：

①整个社会都关心老龄人士和残疾人士

丹麦在进行建筑设计和实施社会服务等各项福利措施时，会统筹考虑实施的进度，因而能取得比较满意的社会效果。建筑师在建筑设计时会充分考虑建筑物的总体格局，统筹规划无障碍化设施的布局，从便于看护者工作的角度出发，充分发挥设施的各项服务功能。在设计过程中避免出现各种物理上的障碍，同时也可以避免建筑材料的过度浪费。

②在关心老龄人士的同时，特别关怀残疾人士

据预测：在不久的将来，日本国民的 1/4 全部为老龄人口[3]，如何正确实施老龄福利政策非常引人瞩目，老龄人口的市场前景不容忽视。而相对于每 22 人中有 1 人为残疾人士[4]而言，残疾

☆（3）在不久的将来，日本国民的 1/4 全部为老龄人口
在 1995 年，日本 65 岁以上的老龄人口的比例已经达到了 14.6%。根据日本人口问题研究所 1997 年的预测，到 2025 年日本老龄人口的比例将接近 26.5%，到 2050 年老龄人口的比例将达到 29.2%。

☆（4）每 22 人中有 1 人为残疾人士
根据日本厚生劳动省的统计资料，目前日本身体残疾的人士为 317.7 万，智力残疾的人士为 41.3 万，精神残疾的人士约为 217 万。

人士的市场相对要小很多。在经济优先的当代社会背景下，很少有人去关注残疾人士。但是生活在现代社会中的人们不应忽视日常看不到的经济现象的存在，要尊重不同的个性文化。在追求开发大市场的同时，也要关注并经营"客户关系管理"（CRM）☆(5)的市场，从一对一服务之中寻找商机。

由于残疾人士具有不同的残疾等级和残疾种类，因而和老龄人士相比其需求更具有多样性。和老龄人士的需求相比，残疾人士更希望政府能提供高质量的社会福利服务。在丹麦，无论是公共设施还是住宅建筑，无论是福利设施还是福利设备，不管采用何种分类方式，都展现给人个性突出和事业成熟的福利化社会的姿态。

③优先考虑美感

无论怎么说无障碍化设计不同于普通的建筑设计，不仅仅是建筑师，每个人都希望无障碍化设计能体现应有的美学效果。设计师要考虑到老龄人士和残疾人士的基本需求，使设计能融入整个街区的环境氛围之中，展现出浓郁的生活气息。假如设计师只是优先从无障碍化设计的角度出发，而忽略了和周围环境的相互协调性，并且强调该设计是"优先考虑老龄人士和残疾人士"，在这种思想指导下进行的无障碍化设计不能看成是成功的设计。老

☆（5）CRM

CRM：Customer Relationship management。其涵义是指准确把握顾客的需求（在顾客尚未表示某种需求之前），通过高效率的服务提升顾客的满意度，在保持原有顾客群的基础上，能不断地吸引新的顾客的一种经营方式。随着近年来信息技术（IT）的飞速发展，使得企业能够收集到顾客的相关资料，建立顾客的数据库，并及时分析顾客的需求，从而能提高企业的销售额，降低企业的经营成本。

龄人士和残疾人士希望设计师的无障碍化设计方案，能充分体现设计作品的美学效果。人们从丹麦的无障碍化设计的事例中可以看到，在无障碍化设计的建筑作品中，也能体现应有的美学价值。

④只要加强设计者和使用者之间的相互沟通，就可以设计出令各方满意的作品

只要设计者和使用者之间充分地交换意见，就能设计出既体现功能性又保持艺术美感的无障碍化设计作品。倘若行动不便的人士（使用者）得出："这座无障碍化设施优先考虑的是艺术性"的结论，那么该建筑师（设计者）一定没能充分发挥其应有的设计能力。加强和使用者之间的相互沟通可以激发设计师的潜能，促使其设计出非同寻常而又和周围环境相协调的无障碍化设计作品。

⑤实践在前，概念在后

令人感到意外的是，丹麦很多从事福利设施设计多年的业内人士并没有听说过"无障碍化设计"和"通用设计"这样的专业术语，而对上述术语能完全理解的也只是少量的业内专家。但是在他们头脑里"不放弃每一个人"的设计理念已经根深蒂固，无论在进行什么设计时，都会从"无障碍化设计"的思想出发，努力在设计中体现对行动不便的人士无微不至的关怀。对于丹麦的设计师而言，在设计时并没有考虑自己是在进行"无障碍化设计"

还是在进行"通用设计",也不去追求什么流行和时髦的概念,而是努力为行动不便的人士设计出具体、实用、有价值的作品,认真地履行好设计师应尽的职责。

⑥要充分考虑对地球环境的影响

在丹麦随处可以看到各种风力发电机[^(6)],这是丹麦人所采取的保护地球环境的重要举措。丹麦人在建设各种住宅和设施的时候,会充分考虑各种因素对自然环境的影响,尽可能地选用低能耗、低物耗的建筑材料,并在施工时充分考虑材料的保温效果,以减少业主可能支出的空调费用。在工程建设时会尽可能地利用现有地形,最大限度地减少工程对环境的影响。每一位建筑师都应从更宽的视野来考虑整个工程,地球的环境和人类的健康紧密相关,充分爱护环境就是爱护人类的健康。丹麦的建筑师往往将最先进的设计思想应用在专供老龄人士或残疾人士使用的福利设施内。

日本所面临的和"无障碍化"相关的各种问题

就日本而言,在实施"无障碍化"的进程中面临着如下的问题:

①无障碍化面临着相对过剩

例如供视觉障碍患者使用的黄色道路指示标识[^(7)]。人们在公共场所内看到这样的指示标识,往往会产生这里是仅供视觉障碍

☆(6)风力发电机(图片)
欧洲的很多国家非常重视保护环境,作为保护环境的重要措施之一就是采用风力发电。丹麦积极推进风力发电的工作,在1983年底丹麦的风力发电量只占总发电量的0.1%;但是到了2001年,丹麦的风力发电量已经占总发电量的10%(6000台);预计到2030年达到总发电量的1/3。丹麦政府要求国内的电力公司在2008年年底在近海海岸附近再建设5所大型的风力发电站,以期达到风力发电占总发电量14%的目标。

患者使用的街道的错觉。当然对于视觉障碍患者而言，的确希望有专供其使用的街道。

②没有相互之间的沟通和交流

设计师缺乏和使用者（老龄人士和残疾人士）之间的相互沟通和交流的环节。其实设计师并不缺少和使用者对话的机会，但往往因为设计师的主观原因而丧失了这种相互沟通的机会。如果设计师怀着关爱之心和持之以恒的决心，那么在和使用者沟通的过程中必定能激发出其创作的灵感。很多成功设计师的经验已经表明，在规划设计方案之前，了解使用者的需求是非常必要的。

③存在着"无障碍化＝老龄人士，无障碍化＝轮椅患者"的误区

分析产生这种误解的深层次原因，主要是人们对行动不便的人士关心不够。由于事先缺乏深入细致的调查工作，往往将片面和局部的东西看成为全面和整体的事物，因而产生上述的想法也就不足为奇了。

④存在着"著名的建筑师＝高超的设计师"的误区

当今的时代，人们在追求时尚、简洁、社会反响良好的建筑设计时，往往迷信所谓的著名建筑大师，而却没有想到高超的设计师也能完成实用性和功能性很强的设计。由于设计师聪慧的设

☆（7）黄色道路指示标识

这是指专供视觉障碍患者行走的地面盲道指示材料，每块方砖的边长为30cm。为了便于弱视症的患者能准确地辨认盲道，方砖的颜色多选用黄色。根据日本相关法规（促进老龄人士和残疾人士使用公用建筑设施的法律）的实施要求的规定："用作指示标识的地面材料的颜色要与其周围地面的颜色有明显的色差，要容易区别于其周围地面材料的颜色。"

日本所使用的盲道指示标识黄色的地面材料，最初是为了防止车站上的乘客在候车时，出现在站台上跌倒的现象。铺设这种线状和点状的盲道指示方砖，不仅可以起到指示行路方向的作用，还可以起到引起乘客注意、警示乘客注意安全的作用。由于日本对铺设盲道的指示用方砖没有明确的规章，各地方政府出台各自相应的规定，因此会出现在某一区域内可能会铺设多种指示方砖的现象，反而造成了乘客不能理解铺设这些盲道方砖的真正用心。

计往往得不到应有的正确评价，因而有必要重新研讨对设计师的评价标准，改变目前这种评价缺乏公允的现象。

⑤存在着"残疾社团代表的意见＝全体残疾人士的意见"的误区

例如某地方政府为了改建公共设施，认真"听取"残疾社团代表的意见，作出了最后的实施决定。因此在这种场合下，残疾社团代表的责任非常重大，需要尽可能地预见到未来设施中可能存在的安全隐患。如果代表发言表明这样的立场："铺设地面盲道的方砖必须选用黄颜色"，那么政府方面需要考虑这是否代表了全体视觉障碍患者的意见呢？政府方面既要考虑现场代表所提的建议，也要收集未到场的残疾人士意见，在此基础上进行统筹规划，综合考虑并作出决断。

解决问题的关键是了解使用者的需求

核心的问题是设计师如何去做才能真正满足使用者的需求愿望。专门从事无障碍化设计工作的人员很多，既有专门从事设计面向老龄人士、残疾人士使用的福利设施的建筑师及建筑事务所的职员，也有以规划福利社区为主题的城市规划师，还有专门开发供老龄人士和残疾人士使用的车辆、家电等这类商品的产品开发人员，也包括专门开发福利机械的企业技术人员。由于涉及此领域的人员很多，每个人既有自己独特的想法，也有本领域的专业理论，还有多年的实践经验。其中的确有部分专业人士和使用者之间缺少相互沟通，只是基于自己多年的经验进行设计，因而存在着和用户之间"缺乏对话"的现象。

问题的核心是设计师究竟能为行动不便的人士"做些什么？"其前提是设计者应清楚地了解已有的技术和使用者的根本需求。如果不以现有的技术作为进行无障碍化设计的敲门砖，那么也就不可能满足使用者（消费者）提出的愿望。类似这样失败的设计事例并不少见。

例如某食品厂商在出售天津甘栗的时候，剥去所有栗子的外皮，这样一种销售方法受到了来自视觉障碍患者意想不到的好评。还有一些有心的企业，在其食品袋子上印制了凹凸不平的文字，视觉障碍患者接触到这样的食品袋就可以"从食品袋的表面，知道里面所卖的产品"，增加了其购买意愿。但是也有部分厂家认为"袋子的表面和袋子里内容的关系并不大"，他们认为"如果把食品送给朋友的时候，难道还要把食品袋的表面展示出来吗？"某家轮椅的制造企业开发出一种新式轮椅，座位可以上下移动，目的是便于护理人员能更好地使用轮椅。尽管很多家庭没有残疾人士，但是也买了这种轮椅，家庭主妇们利用这种座位能上下活动的轮椅运送货物。这种原先专为行动不便人士开发的专用轮椅，结果却被毫不相干的人派上了别的用途。专为老龄人士开发的商品，也有很多类似被当作他用的事例。

厂商在开发新产品的时候，要站在使用者的立场上，认真考虑"用户的需求究竟是什么？"应当引起市场销售的人员注意的是，目前很多从事无障碍化设计的人员其背景多数为技术人员出身，缺乏专业的无障碍化设计理论的指导，因而设计出来的产品很多地方也就不尽如人意了。

很多行动不便的人士是达观之人

有关机构专门对老龄人士和残疾人士的身体状况进行了调查，在调查的基础上进行系统化的研究分析。以身体健全人为参照系，研究老龄人士和残疾人士究竟在哪方面具有非同寻常的能力，这种系统化的分析研究非常有必要。通过这样的研究，以便于人们对老龄人士和残疾人士能有更深入的了解和认识。

假如有人建议双目失明的 S 君："东京池袋地区现在举办的展览会非常好，建议您去参观一下。"倘若这个展览会确实十分精彩，但是对于双目失明的 S 君而言，怎样才能欣赏到展出的绘画艺术呢？双目失明的 S 君对绘画艺术具有浓厚的兴趣，对绘画作品有超乎常人的理解能力，并热衷于参观各种展览会。其秘密就在于展出每幅绘画作品都有专门的辅助说明☆(8)。S 君在欣赏绘画作品的时候，会认真去理解每幅作品的辅助说明，然后闭目用心地去体会每幅艺术作品所要表现的那种意境，那是明眼人难以理解和体会的艺术意境。

很多残疾人士都具有类似的潜在机能，只是有些也还没有被激发出来。在体育领域特别是在残奥会上，人们可以看到残疾人士所具有的超出常人的能力。患有视觉障碍的乒乓球运动员可以根据乒乓球在空中飞行的声音，判断其位置并能准确地击球。双目失明的游泳教练在泳池里尾随在学生之后，根据水花和水流的变化来指导学生改进游泳技术。这样的残疾人士都属于达观之人，是真正的智者。在文化艺术领域里，人们也可以看到由智障患者所创作的高超艺术作品。

并不能将所有行动不便的人士都看成是达观之人。从身体"健全人"的视角出发，可能更关注老龄人士或残疾人士身上所具有的超出"健全人"的特殊能力，并且愿意研究老龄人士或残疾人士为什么身上具有这种能力。由于老龄人士或残疾人士所具有的超人能力往往超出"健全人"的想象，因此人们对此更充满兴趣。

☆（8）绘画作品都有专门的辅助说明

为了便于视觉障碍人士能欣赏展出的艺术作品，展览会上每件展示作品都配有相应的文字或语音的辅助说明。实际上制作这种辅助说明并不需要特别的技术和知识，只要是热爱绘画艺术，在欣赏绘画的同时闭目能用简要的词句去描述绘画作品所要表达的那种意境即可。在美术馆内，很多有知识和艺术背景的学员可以担当专门的解说工作，也有很多的志愿者根据自己对艺术作品的理解和感受为视觉障碍患者担当解说。由于视觉障碍患者对艺术的需求具有多样性，因此采用辅助说明的方式可以在很大程度上满足视觉障碍患者欣赏艺术作品的愿望。

从刺激感觉器官入手

人们对世界的认知是从外界对感觉器官产生刺激开始的。当人们的身体出现某种机能障碍的时候，其相应的活动开始受到限制，感受来自社会和自然界各种刺激的能力会逐渐减少，因而使得人们的感觉能力逐渐下降，结果就会造成人的某些机能逐渐低下（发生多重障碍的可能性增加）。如果此时实施必要的刺激疗法，就有可能激发（develop）人们潜在的感觉能力。经过各种的实践证明，这种刺激感觉器官的疗法对特定人群还是行之有效的。

如果读者走访残疾人训练中心☆(9)，就可以看到平时在其他地方所看不到的治疗方法。在训练中心里安装着各种运动和文化设施，有利于残疾人训练其运动能力☆(10)。在训练中心的地面上放置着可以活动的电动轮椅，身体活动不自由的患者们可以坐在电动轮椅上进行曲棍球的比赛。人们还可以在能发出有节奏的声音设施（音响设施☆(11)）的伴奏下尽情地跳舞，大厅的灯光忽明忽暗就如同迪斯科舞厅的环境一样。训练中心备有各种激发残疾人士潜在能力的设备，就是身体健全的人看到这样的设备也愿意一试身手。

☆（9）残疾人训练中心
这是日本一所可供智障患者使用的福利设施。依照日本"在给予残疾人士必要保护的同时，也要给予残疾人士必要的自立自强的训练指导"的福利政策，建设了这所"既能培养残疾人士自理生活的能力，也能为残疾人士提供必要的职业训练"的康复中心。这所中心采用住宿制和走读制相结合的训练模式。

☆（10）训练其运动能力
在丹麦，体育运动中心和文化活动中心通常被作为训练中心，对残疾人士实施"作业疗法"，人们将这一类的活动统称为"训练其运动能力"，这些活动构成训练中心重要的活动内容。在日本也有很多类似的训练活动，并且在很多场合中应用。

关键词"五大感觉"。根据专门研究发现，人们大脑里处理的各种信息有 80% 来自视觉信息。因而对于视觉障碍患者而言，其大脑平时处理的信息量仅有健全人的 20% 左右，因此视觉障碍患者往往具有意想不到的开发潜能。从设计者的角度出发，颜色和图形不可能对视觉障碍患者产生特别的感官刺激，也不可能获得令人满意的刺激效果。但是设计师只需要重新审视自己的设计方案，如何采用特别的设计手段，去最大限度地激发相当于仅使用健全人 20% 的大脑的视觉障碍患者的潜能。这对设计者提出了更高的要求，要求设计者必须完成高水平的无障碍化设计作品。对于没有视觉障碍的人而言，可以通过视觉把握自己所处的空间环境，另用 20% 的能力把握所处空间的特质特征。而一个精湛的无障碍化设计作品，可以激发人们潜在的感觉机能和潜在的能力，能轻松自如地把握其所处的空间环境。

和其他的方法相互协同

如果从视觉障碍患者的角度出发进行无障碍化设计，不仅可以激发残疾人士已有的能力和感觉机能，而且还可以激发其潜在的功能，实现残疾人士和健全人士一样生活的愿望。设计师只有在充分研究残疾人士所具有的机能和潜在能力的基础上，才有可能提高自

☆（11）音响设备

己的无障碍化设计水平。残疾人士身上所具有的这种潜能往往其自己可能并没有意识到，而长期处于未开发的状态之中。设计师需要认真考虑"使用者的需求究竟是什么？"通过无障碍化设计方案激发患者潜在的机能。在进行设计之前，设计者和使用者之间的相互沟通是十分必要的，只有通过相互的协同合作☆(12)，才能创作出令使用者满意的作品。在相互交流的过程中，可以汇集新思路、启发新思想，有利于设计师创作出新的、有价值的无障碍化设计作品。这种相互合作、积极协作的设计方式，有助于消除在设计领域中存在的各种障碍。

根据关键词"五大感觉"，进行无障碍化设计是一种创造性的工作。而本书结合丹麦建筑的设计事例并将建筑师的无障碍化设计思想介绍给广大读者，并以"创造性的工作"为题展示给读者。通过这样一种交流，避免建筑师在从事无障碍化设计时可能会出现的错误。

☆（12）协同合作

英文：collaboration。其涵义为共同协作、共同制作、共同合作。近年来在音乐和电影等艺术领域之中，经常使用这一词语。

第二章
刺激五大感觉器官的设计手段

七个基本观点

本章以"刺激五大感觉器官的设计手段"为题目，将丹麦典型的建筑案例介绍给广大读者。由于本书没有编辑专门的建筑案例图集，因而只能通过所列举的案例将其中的设计手段和设计思想介绍给大家。本书以无障碍化设计案例为基本主轴，在此基础上加以归纳，提炼出七个基本的设计观点。

①能对感觉器官产生轻微刺激的设计

身体健全的人很难理解残疾人士为什么具有比普通人更为敏感的感觉功能，可以去感知非常轻微的刺激。设计师在进行无障碍化设计时要注意那些对健全人并不产生影响，而可以对残疾人士的感觉器官产生微妙刺激的设计。这种设计方式对残疾人士而言，则是一种特殊的设计手段。这种专门针对残疾人士进行的无障碍化设计，对于健全人而言可能感觉不到其中微妙的变化，这样的无障碍化设计具有安心、舒适的良好刺激效果。

②激发潜能并顺其自然的设计

设计师在进行无障碍化设计的时候，应将安全性作为考虑的首选因素，以确保残疾人士能拥有和身体健全人一样安全的生活空间。设计师在进行无障碍化设计时，要设法在不同的空间内去体验残疾人士的心理感受。由于残疾人士的身体原因，其活动的区域往往受到各种限制，设计师如果能作出接触自然的无障碍化设计方案，就可以得到令人满意的设计效果。这种接近自然的设计，可以最大限度地激发残疾人士潜在的各种感觉机能。

③简洁的设计

如果人们置身在街道或建筑物之中的时候，能很快确定自身所处的方位、明确自己的位置，那么心情也会很快地平静下来。对于视觉障碍患者而言，如果相关的信息很少，而且不能判定自己所处的位置时，就容易产生某种危险。无论是怎样复杂形状的建筑物，如果人们能及时了解其内外的平面布局，就可以安心地使用各种设施。简洁明了的建筑设计，有助于人们尽快地了解建筑物内外的基本格局。

④各方可以接受的设计☆(1)

尽管通过设计坡道和设置电梯可以消除建筑物内存在的高度差障碍，但是在进行无障碍化设计时，设计师还要仔细地进行研究，克服无障碍化设计中所遇到的各种制约因素。如果无障碍化设计方案能满足功能要素和美学要素的条件要求，那么这样的设计是充满智慧、可以让多方接受的设计方案。

☆（1）各方可以接受的设计
在丹麦并不经常使用"无障碍化"一词。在对"大门"实施的改建工程时，专家之间常用的关键词语是"各方可以接受的设计"。而"通用设计"一词，基本上也不为大多数人所知。

⑤保留建筑物原有风格的无障碍化设计

在对传统建筑物或著名建筑师设计的建筑物实施无障碍化改造的时候，既要满足无障碍化设计的基本要求，更要保持原有建筑物的历史风貌和设计风格。这对设计师提出了更高的要求，设计师只有在充分理解原有建筑的设计精髓的前提下，才能开始无障碍化设计，并在两者之间去寻找最佳的平衡点。

⑥便于互动的设计

建筑物既是人与人进行相互沟通的场所，也是无障碍化社区的象征，还是人们进行各种活动的特别空间。如何在建筑物内完成怎样的无障碍化设计，实现人与人之间心灵上的相互沟通，还要有一段相当长的认识过程。

⑦与环境共生的设计

建筑物的无障碍化设计和建筑物所处的周围环境关系密切。设计师在进行无障碍化设计时，既要重视其和周围环境的协调性，也要考虑其对人们健康可能产生的影响。这样一种设计思想，既是为面向老龄人士、残疾人士的福利设施实现无障碍化作出了贡献，也是为建设无障碍化社会付出了努力。

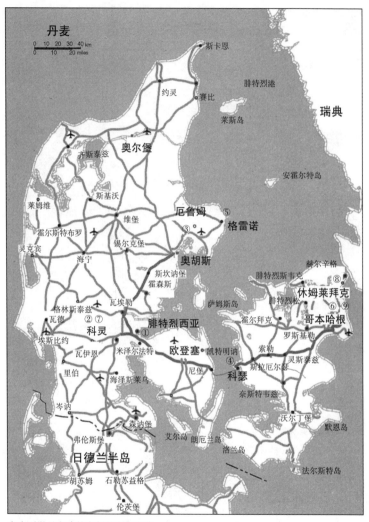

书中列举丹麦建筑案例的所在方位

和七个基本观点相关的案例

案例	1. 能对感觉器官产生轻微刺激的设计	2.激发潜能并顺其自然的设计	3.简洁的设计
①福尔桑格中心（视觉障碍患者研修·度假中心） 腓特烈西亚	· 能够控制回声的塔楼 · 能让人感觉到脚下有变化的丁钠橡胶垫 · 走廊和过道路口的特殊构造（能发出类似小鸟的啼鸣声或流水的声音）		· 动感的流线设计 · 特别的声音设计（发出类似小鸟的啼鸣声） · 两种色调的线条设计 · 塔楼的光及走廊的影 · 透过房门的光线 · "K"形的门框设计
②科灵城博物馆 科灵	· 能刺激感觉器官的多种地面材料 · 曲面和曲线设计 · 多样的照明设计 · 明暗相间的光线设计	· 可以眺望远处的湖面	
③平斯特拉布中心（青少年研修中心） 厄鲁姆	· 规划设计不同的区域	· 能刺激感觉器官的庭院	· 大型的象形图文标识
④姆斯霍尔姆中心（重度残疾人士度假中心） 科瑟	· 可以触摸的能散发香气的木材	· 如同麦田一样松软的人行步道 · 能刺激五大感觉的庭院 · 走廊边缘流动的小溪	· 能够确定建筑中心位置的人行步道
⑤德罗宁根度假村（残疾人士度假中心） 格雷诺		· 类似家庭般生活环境的休养空间 · 乘坐轮椅的患者可以借助栈桥通向大海	· 集中了各种开关的灰色控制面板
⑥哥本哈根商务高等学校 哥本哈根			· 不同的区域采用不同的色彩进行分区规划 · 平面布局并不沿轴线对称分布 · 地面和墙面采用对比鲜明的颜色进行涂饰
⑦特拉布霍尔美术馆 科灵	· 各种艺术作品使人流连忘返	· 依照地形地貌的走势修建的坡道	
⑧路易斯安娜现代美术馆 休姆莱拜克		· 多样的外部空间（草坪、起伏的地形、假山、远景）	· 只要走出庭院，就可以眺望到大海
⑨老龄人士租赁住宅 哥本哈根			
⑩其他		· 费勒公园（哥本哈根） · 各种活动 · 在水边举行的各种活动 · 在森林中举行的音乐节	

4.各方可以接受的设计	5.保留建筑物原有风格的无障碍化设计	6.便于互动的设计	7.与环境共生的设计
·建筑物的水平地面消除了高度差		·能出现浮雕效果的特殊纸张 ·公用的中央院落	
·黄铜装饰的楼梯	·新的独立构造 ·分别使用不同功能的构件		·有利于人体健康的建筑材料
		·有利于人们交流的设施 ·坐轮椅也能参加烧烤等一类的活动 ·坐轮椅也能进入的水池 ·类似沙发一样的床	
·可移动式的"门槛" ·设计别致的前台		·设计别致的浴室 ·可举行篝火晚会的场地 ·沙滩	·进行绿化的屋顶 ·风道 ·洁净的外墙
·精心设计的厨房 ·精心设计的浴室 ·可以减轻护理人员负担的浴室设计 ·可以保护护理人员的隐私		·为年轻艺术家的艺术创作提供了展示的平台	
		·走廊上摆放着舒适的沙发	·在公用空间内设置有类似户外空间的自然光线和绿色景观
·在天井处安装了电梯 ·布局巧妙的坡道和空间设计			·依照地形地貌的走势设计坡道
·楼梯上闪耀着金属的光泽 ·外部的台阶旁边设置着无障碍化的坡道	·各种无障碍化设计体现着不同的艺术性 ·建筑师自己设计的升降梯	·公用的大厅	·和谐的内部空间和外部环境 ·内部和外部是一样的设计水准 ·沿着地形地貌和树木的布局进行平面设计
·和周围环境相协调的坡道设计		·每户有大概15m²的公用空间 ·多样的公用空间 ·灵活的空间布局 ·公用的阳台和大厅	·和周围的环境相协调
·用大理石铺设的人行道 ·特别的路口 ·坡道式的自动扶梯 ·供视觉障碍患者使用的专门盲道			

1. 能对感觉器官产生轻微刺激的设计

① 回声的设计

靠近德国北部日德兰半岛的腓特烈西亚市有一所丹麦视觉障碍患者协会所属的研修和度假中心——福尔桑格中心。福尔桑格中心能为视觉障碍患者提供必要的康复帮助，其建筑设计不愧为成功的无障碍化设计范例。由于其新颖而独特的设计方案，欧洲共同体（EU）于 1991 年将赫利俄斯奖（Helios 奖，即：太阳神奖）授予了丹麦的福尔桑格中心。

·能控制回声的塔楼

福尔桑格中心除了拥有 60 间可供双人下榻的标准间之外，还设有食堂、休息室、游泳池、桑拿室、教室等公用空间。由于中心是专供视觉障碍患者使用的福利设施，因此整座建筑没有设置任何台阶，而采用了平面整体的建筑设计。60 间标准客房分散在"之"字形走廊的两侧，就如同树叶悬挂在树枝上一样。一般的视觉障碍患者只要转过几道弯都能准确地找到自己所居住房间的位置。

中心走廊的尽头也是走廊相互交叉的路口。由于走廊的拐弯处遮住了视觉障碍患者的视线，所以建筑师十分重视走廊交叉路

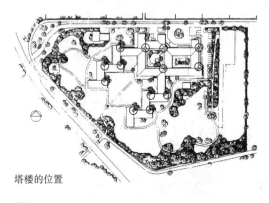

塔楼的位置

塔楼内的顶棚

塔楼的一部分

口的设计，对中心过道的交叉路口进行了专门的设计，并将路口的设计作为实施无障碍化设计的重要环节，经过专门设计的路口对视觉障碍患者辨别方位起到了重要的作用。

下面重点给读者介绍的一种设计方法，是如何巧妙地借用人们走路时所发出的回声变化，进行无障碍化方案的设计。从福尔桑格中心的平面设计图中可以看到整座建筑有一个共同的特点：凡走廊和过道的交叉路口上方都建有一座塔楼，塔楼的顶棚距地面的高度为 7m，而走廊和过道顶棚的高度距地面为 2.8m。由于顶棚在高度上存在着差异，人们走路时所发出的回声也会发生相应地变化。当视觉障碍患者注意到自己走路的声音突然发生变化时，就可以判断："现在一定是到了路口或拐角的地方。"由于这种设计思想是最大限度地利用声音的反射效果，所以铺设在地面的材料大多是走路时容易发出声响的材料，而且不容易发出其他的杂音。

这种充分利用回声的设计思想是根据视觉障碍患者具有比普通的正常人更为敏感的听觉功能，对于长期依赖视觉信息来准确判断自己方位的明眼人来说，难以理解其中的奥妙。建筑的美感对于视觉障碍患者来说也是需要考虑的设计要素，福尔桑格中心没有采用常见的盲道设计，而是巧妙地通过回声设计来体现其无障碍化设计的理念。

回声的示意图
由于顶棚的高度不同，所以产生的回声效果也不一样。视觉障碍患者可以巧妙借用这种回声的变化来确认自身所处的位置。

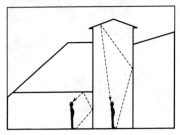

② 脚底感觉到丁钠橡胶所产生的变化

随着走路回声发生的变化，脚底走路时的触觉也会随着地面材质的变化而变化。中心走廊的地面采用光滑的材料铺设，而塔楼地面则选用不同于走廊的地面材料，塔楼的地面采用表面粗糙的材料铺设。为什么采用这样一种铺设的方式呢？根据多年的实践，工作人员特别建议中心在铺设塔楼地面的时候，最好采用表面粗糙的材料来铺设。

铺设在塔楼地面上的材料为丁钠橡胶，无论谁踏在用丁钠橡胶铺设的地面上都能感受到橡胶材料的振动。当人们走在用木材铺设的地面上时，如果不用心去体验可能不会感受到地面的变化。但是当走到橡胶地面上的时候，则会有完全不一样的感觉。这是设计师利用不同材料的特性进行无障碍化设计的典型案例，这里巧妙地借用了橡胶材料容易产生振动和弯曲变形的特性。近年来很多设计师充分考虑到视觉障碍患者的特点，在福利设施内铺设木质的地面材料，最大限度地发挥视觉障碍患者的听觉敏感的功能。如果设计师只是考虑如何去激发视觉障碍患者潜在的功能，给予其必要的感觉刺激，那还只是属于无障碍化设计的初级阶段。设计师应当从使用者的立场出发，最大限度地去激发视觉障碍患

地面铺设的材料（改造前）

地面铺设的材料（改造后）

者各种潜在的功能，进行人性化的设计，才能真正实现无障碍化社会的理想。

走廊是展现无障碍化设计思想的重要平台。如果沿着走廊墙壁的边缘设计一条约 20cm 宽的有色条带，这条色带并且一直向外延伸，那么人们可以通过色带的指向来判断走廊的方向。

③ 使用多种多样的地面材料

·立柱如同家具一样

丹麦的科灵城博物馆是在废墟上建立起来的有历史价值的著名的"遗址博物馆（Gallery in Ruin Hall）"。

建筑师约翰内斯·埃克斯纳（Johannes Exner）在 1972 年主持了博物馆的改建工程。这座已有 150 多年历史的"遗址"建筑，保持了原有的屋顶造型，通过现代技术改建成了博物馆，并且成为科灵市最主要的旅游景点之一。这座经过改建的博物馆内部的立柱支撑着装饰一新的顶棚，立柱就如同丹麦的家具一样引人关注。这种木质的立柱是"遗址"的重要标志，立柱使博物馆的空间不再显得空旷，建筑物正面☆(2) 墙上为简约的砖砌结构。当人们触摸到木质的肌纹时，能感受到工匠精湛的做工，使所有到访此地的客人都能产生一种温暖的安全感。实际上这些木质的立柱

☆（2）建筑物正面
"建筑物的正面"是建筑师在进行建筑物外观设计时需要认真考虑的设计立面。

内部为加工精度很高的铁质立柱，而外面采用木质的集成材装饰。这些立柱将博物馆的空间分割成不同的区域，使每个到访此处的客人在不同的区域都能感受到设计师独具匠心的设计风格。

埃克斯纳先生为所改建的"遗址"建筑的空间格局设计独特，视觉障碍患者会不由得发出感叹："这座博物馆的空间好大呀！"视觉障碍患者在这座"遗址"博物馆参观的时候，可以通过自己的声音或脚底发出的回声变化，感觉到自己在"遗址"空间内的位置变化，感到自身是那样地充满活力。视觉障碍患者一边触摸立柱上的纹路，一边聆听博物馆内播放的埃克斯纳先生充满激情又惟妙惟肖的解说，使视觉障碍患者仿佛置身于大森林之中。

如果整个工程的建筑设计与建筑施工和设计制作家具一样的细致精心，那么整座建筑必将工艺精湛、光彩夺目。但是从经济性和效率性的角度出发，特别是在类似日本这样的国家内，要想在某项工程中充分展示工匠们高超的技艺那只是一种奢望，因为日本是严格按照工程的施工进度、工作要求去完成工程项目。在丹麦经常会召集和某项工程相关的各方人士在一起研讨该工程的施工意义，不仅仅对该工程本身进行研讨，而且从城市的整体建筑风格出发，来考虑建筑工程的整体社会效果。任何建筑工程都应被看成是所在城市已经取得社会共识的公共财产，在短时间完成的看似成功的建筑工程，往往只是取得部分人群的认可。对于无障碍化设施要求很高的城市和建筑物而言，在短时间完成的工程往往不能满足社会的要求，而且也不可能取得良好的社会效果。

· 能够刺激感觉器官的多种地面材料

博物馆的地面可以选用木材、砖、石材、金属等多种建筑材料。建筑师在进行建筑设计时就应当认真地考虑所选用的不同地面材料，能预测到不同的地面材料对人们脚下的触觉所产生不同的刺激效果。

当人们感觉脚下的地面变得粗糙的时候，人们走路时的心情也会产生相应地变化。就如同前面所提到的由于顶棚的高度变化使空间高度发生改变，给到访此处的客人产生空间在不断发生变化的刺激效果。

生活在现代都市里的人们对各种表面光滑的新型建筑材料已经习以为常，很少能感觉到地面材料所发生的变化。由于长时间生活在现代社会的环境之中，人们的这方面感觉功能或许发生了某些退化。而对于感觉非常敏感的视觉障碍患者而言，能及时感受到地面材质所发生的微妙变化，他们被看成是具有非凡脚下感觉能力的"达观之人"，他们可以在"遗址博物馆"内能体会到常人所不能感受到的快乐。

建筑师要关注能对感觉器官产生微小刺激的设计方法，采用这样的设计手段，可以激活生活在都市里的人们正逐渐退化的某些感觉机能。坚持户外活动的人们，心情会变得更为舒畅，也会在无意识之中已经接触了微妙多样的刺激感觉器官的无障碍化设计。设计师应创造出更多能刺激人们心情产生美妙感觉的设计作品。人们期待着设计师创造的各种刺激感觉器官的设计，不仅能对视觉障碍患者，也能对正常人产生更多更好的刺激效果。

④ 曲线和曲面的设计

各种曲面造型设计是科灵城博物馆无障碍化设计的另一个特点。

在科灵城博物馆这座"遗址博物馆"内，建筑师设计了3座过道式的"廊桥"，从侧面看这3座桥的样式又略有不同。位于一层的廊桥为中央向上的拱型桥面，而位于三层的廊桥为中间向下的弧形桥面，位于二层的廊桥桥面则呈现为水平面。一层的桥面好似落在地下室内行人的头顶上，而在三层桥面上行走的人其头顶就如同能触摸到顶棚一样。这种看似非同常规的廊桥设计，仍具有供人们行走的功能。这种类似"廊桥"的过道设计，铺设在地面上的材料也不同于展厅内的地面材料，可以让人产生一种走在桥面的感觉，就连使用轮椅患者也可以发现"桥面"的细微变化。对于正常人来说，或许并不能体会设计师的良苦用心，也不会注意这些细微之处的设计，还会认为："和其他连接过道的廊桥没有什么两样"。

尽管道路和地面材料的细微变化，不会引起身体健全人太多的注意力。但是对于使用轮椅的患者而言，由于铺设在地面上的

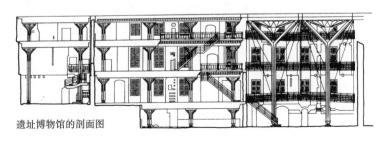

遗址博物馆的剖面图

遗址博物馆的内部全景

木柱的柱底

木柱的柱顶

石质的阶梯和坡道

遗址博物馆的内部和 3 座"廊桥"的桥面➡

博物馆内部一处低矮的顶棚和木质的地面

螺旋状的楼梯

材料发生变化，会给其带来诸多的不便。科灵城博物馆 3 种不同"廊桥"的桥面设计，也会给轮椅患者带来一定的困难。建筑师要时刻保持敏锐的目光，掌握多种刺激感觉器官的设计手法，从不断变化的视角出发，去体会不同的设计对不同的人群可能产生的影响。建筑师要具备超过普通人的敏感性，要及时总结设计经验，在各种建筑工程中努力实现其无障碍化的设计思想。

⑤ 照明和光线设计

· 多样化的照明设计

科灵城博物馆是一座地下 1 层、地上 3 层的建筑物，内部既有宽敞的大厅，也有顶棚低矮的展室。其内部不同大小的空间格局，采用了多种照明设计方案。这座遗址博物馆内既有阳光直射所形成的明暗分明的开阔空间，也有安装树枝形吊灯发出的橙色光芒照亮着幽暗的礼拜堂。

这座博物馆多彩的灯光设计和变幻的照明方案，使得行走在其中的人们感到如同在观看不断变换的演出剧目，心情也变得轻松愉悦。但是在日本的博物馆和美术馆，由于受保护艺术作品的相关法规限制，不论地处何处的展室和角落，都发出的是同样颜色和亮度的光芒，让人感到馆内的照明布局是如此地单调。而参观科灵市这座遗址博物馆，会让人们如同在观看舞台上变幻的剧目一样，使观众的心情久久不易平静。

科灵城博物馆内的基督四世礼拜堂的树枝形吊灯

科灵城博物馆内的基督三世的礼拜堂 →

· **采光的设计**

遗址博物馆的地下一层，光线幽暗得使人根本看不清脚下的路。尽管光线可以直接照射进宽敞的大厅，但是"基督四世礼拜堂"用砖砌成的角落里的光线十分昏暗，所以在礼拜堂内安装了树枝形的吊灯。由于安装了吊灯，使得整个大厅成为了光与影的世界。这样的采光设计，使置身大厅参观者的心胸仿佛变得更为宽阔和豁达。这样的采光设计思想和日本的设计风格截然不一，日本注重室内光线的照明度和均一性，室内几乎被白色荧光灯的光线所充斥。而丹麦更注重营造生活的情趣，在餐桌的周围无一例外地用类似蜡烛的灯光进行装饰。在这样变化的光影世界当中，随着光线微小的变化，就是含蓄的日本人也能被激发出无限的柔情，感受到生活的美好。在现代的都市里如何巧妙地去利用自然光线，如何重新考虑采光的设计方案，丹麦的科灵城博物馆给读者提供了很多可以值得借鉴的经验。

· **艺术作品的采光设计**

丹麦的科灵市位于日德兰半岛，在科灵市的郊外有一所被称为"特拉布霍尔"的美术馆。一条走廊如同树枝一样构成了美术馆的"主干"，众多的展厅则形成主干上的不同"枝叶"☆(3)。该美术馆的平面布局就和科灵市一样，给读者呈现了多彩的建筑空间。这座美术馆的走廊格外引人注目，由于美术馆地面的高度不一，

科灵

特拉布霍尔美术馆
Æblehaven 23
Strandhuse
DK 6000 Kolding

☆（3）"枝叶"
请参看本书的第 142 页特拉布霍尔美术馆的平面布局图

通过坡道式的走廊设计将不同的展厅连接在一起，而坡道本身也成为展厅的一部分。走廊的墙壁上开设的许多凹洞，形成了墙面的展示空间。当人们透过凹洞看到外面庭院的风景时，不由得会从心底赞叹设计师巧夺天工的奇妙构想，使得这凹洞既成为小小的展示空间，又成为观众眺望外面景色的窗口。美术馆建筑物正面墙上设计了大小不一的窗户，为参观者营造了一个光影变幻的奇妙世界。

由于走廊上的灯光只是为两侧墙面的凹洞提供了间接的照明，因而凹洞显得十分幽暗。但是当开启凹洞内的照明灯后，则凸显陈设在小展室内展出物的艺术魅力，这也是特拉布霍尔美术馆的走廊所展现的独特采光和照明设计。

⑥ 树声的设计

平斯特拉布中心（Pindstrup Centrer）是所供残疾儿童和身体健全儿童在一起进行综合训练的中心，设置有各种供孩子们进行户外活动的训练设施，中心的功能类似日本的"青少年自然之家"。由于丹麦的残疾人士和日本的残疾人在社会中的地位不一样，因而重视的程度也不尽相同，所以尽管中心都是为孩子们提供综合训练的场所，但产生的效果却完全不一样。

虽然该中心以社会福利法人的身份进行经营与管理，但是各

平斯特拉布中心的全貌

平斯特拉布中心内的林荫树

平斯特拉布中心内的建筑物平面布局图

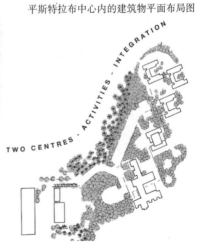

种社会组织和志愿者都积极参与该中心的各项活动，并在中心的运营和管理中充当重要的角色。例如孩子们在暑假的时候，智障患者、身体残疾的患者、身体健全的孩子以一比一比二的形式编成小组，在一起共同生活一周。另外该中心还组织身体健全的孩子到残疾孩子的家庭里进行交流，或者该中心组织人们就残疾人士的福利问题和专家进行研讨。

· **设计出微风吹拂树叶的场景**

不同树种的树叶在微风吹拂下所发出的声响也不尽相同。平斯特拉布中心根据不同的树种、不同的树枝形状、不同的树叶形状、不同的树叶在微风吹拂下发出的不同声响，设计出颇具特色的声响环境。视觉障碍患者可以根据树枝、树叶发出的不同声响判断自己所处的位置，明确所去地方的方位。平斯特拉布中心内种植各种不同的常青树种，目的就是方便视觉障碍患者可以根据树叶发出的声响辨别方向，起到常人难以想象的无障碍化设计的声音效果。

在平斯特拉布中心里，不仅视觉障碍患者可以判断："这条路和刚才走过的路究竟有什么不一样？"就是正常人也能被激发人体潜在的感觉功能，在无意识中记住某场地所具有的固定特征。日本JR（日本铁道）车站和地铁车站的进站和出站的道路上，分别采用男女播音员进行专门的播音，其实也属于实施无障碍化设计的一种方式。利用树叶发出的不同声响，也是巧妙地利用树叶的自然特征进行无障碍化设计的一种手段，以激发人体潜在的感觉功能。

2. 感受自然环境以激发人们潜在感觉机能的设计

① 能感受大地环境的设计

姆斯霍尔姆·贝·费里中心是丹麦肌营养不良[*(4)]协会为重度残疾人士修建的疗养中心。埃巴尔德·科罗[*(5)]会长认为该中心是"继世界七大建筑奇迹之后的世界第八个建筑奇迹",而且认为是"全世界重度残疾患者的疗养度假中心"。埃巴尔德·科罗先生将建设该中心的工作作为丹麦肌营养不良协会的重要工作,并作为实现其长久梦想的一项重要建筑工程。1998 年残疾人团体决定建设面向残疾人士的度假中心,并且选中了建筑师詹斯·瑞恩(Jens Ravn)的设计方案,目前该项工程已经完成了预期计划的一半。

在詹斯·瑞恩的设计方案中,既有食堂和办公室等公用设施,也有各种用途的不同功能区。在未来的二期计划中,重点设计了大浴场、小舞厅、游艇码头等公用设施。作为科罗先生的一项重要工作,就是筹措工程项目的资金以逐步完成工程的各项设施。

为了能使肌营养不良患者充分地利用中心的各项设施,投资方在近期竣工的项目中投入了相当大的资金,进行各种无障碍化设计施工建设,以至于让许多业内人士产生了"投入是否过剩"的疑虑。

☆(4)肌营养不良
进行性肌营养不良症(Progressive muscular dystrophy——PMD)。其临床表现为"肌肉发生病变和坏死,表现为进行性肌肉能力低下,属于遗传性的疾病。"根据肌肉萎缩和肌肉无力的不同表现,又分成遗传型和临床型等多种病型。

☆(5)埃巴尔德·科罗(Evald Krong)
埃巴尔德·科罗先生是丹麦肌营养不良协会的创始人,其本人就是肌营养不良患者,埃巴尔德·科罗先生积极参加各种社会活动,特别是积极解决残疾人士的各种生活问题。埃巴尔德·科罗先生以一种积极的心态看待生活,他同时还是一名出色的演奏家。1999年埃巴尔德·科罗先生举办了专场爵士音乐会,并灌制了 CD 唱片。

关于姆斯霍尔姆设施的宣传画

· 设置在麦田里的人行步道

这所中心最受肌营养不良患者欢迎的设施就是供人们散步的人行步道，这条沿着海岸的人行步道设置在小麦田里。这条小路受到人们欢迎的原因是走在其上可以直接感受到土壤的松软，轮椅患者坐在轮椅上也能感受到地面的凹凸不平。当人们在这条小路上散步的时候，还可以感受到吹拂的海风并眺望远处美丽的景致。日本也能看到类似在麦田里收割时专用的小路，但是并没有想到这种小路还具有这样的功能。对于身体残疾的人士来说，希望能够直接感受到来自大地的刺激，向往着不同于日常生活的自然环境。他们希望能有改变自己身体状态的机会，能使自己的内心发生震撼。按照日本相关政策法规的规定，要为轮椅患者创造各种无障碍化的通行环境。但是通过丹麦的这个事例，使日本人重新认识到如何根据不同环境的特点去建设无障碍化的设施。健全的人在游玩的时候，有时候还要进行冒险旅行，去寻找那震撼人心的刺激感觉呢。

在人行步道的中央有一个半径约 5m 的圆形广场，在这里人们可以举行烧烤活动或篝火晚会。这里不仅是收获小麦的场所，也是用金钱难以打造的带有田园风光的自然环境。重度的残疾患者平时很少有机会和朋友在一起聚会并接触大自然，但是这所中心能成为他们实现梦想的场所。

位于人行步道中央的可以举行篝火晚会的广场

位于海边的可供人们悠闲散步的人行步道

② 能对五大感觉器官产生良好刺激效果的庭院

姆斯霍尔姆·贝·费里中心计划今后建设能对五大感觉器官产生良好刺激效果的庭院。在这样的庭院里，患者在活动身体的同时可以直接接触到类似大自然的环境，感受到自然界的芳香。患者在这样的庭院中，感官能受到在日常生活中所缺少的刺激效果。中心还计划建设一个大的浴场，目的也是希望能对患者的五大感觉器官产生良好的刺激效果。

人们要关注重度残疾患者仅有的感觉器官，给这些器官以良好的外部刺激，这也是维护其功能的重要手段。采用良好的外部刺激手段，尽可能维持并激发患者潜在的功能。从医学角度出发，医生不仅要寻求良好的治疗手段，更要追求良好的治疗效果。对于重度残疾患者的治疗不仅是恢复其生活的自理能力，而且要为其能快乐的生活创造条件。由于现代医学科学的局限性，有些疾病暂时还没有很好的治愈方段，但是人们还是有机会为患者营造快乐的生活空间。远离医疗第一线的人们应当正视这些问题，努力为残疾患者创造快乐的生活环境。

· "感觉之院"（平斯特拉布中心）

在平斯特拉布中心里设置有专门为轮椅患者设计的大型花坛，患者们可以直接用手去触摸花朵并感受到鲜花的芳香，这样一种

平斯特拉布中心内的"感觉之院"全景

感觉之院内的长凳

感觉之院内半人高的水池

让患者直接接触大自然的设计手段，使得平斯特拉布中心成为名副其实的"感觉之院（花园）"。

对于轮椅患者而言，用手只能触摸到距离地面高度 40cm 以上的东西。所以乘坐轮椅的患者可以用手触摸到种植在花坛内 40cm 以上高度的植物，根本触摸不到土壤。"感觉之院"的花坛距离地面高度较高，残疾儿童可以和健康儿童一样在这里接触到大自然，放置在庭院内长凳的高度和轮椅座位的高度一样，因而轮椅患者可以和健康人近距离地在一起进行交流。

这种治疗方式被称为"园艺疗法"。园艺疗法治疗的对象主要为老龄人士和残疾人士，让他们通过接触种植在花坛内植物的花朵和果实的方式，愉悦他们的身心，强化其手指的各项功能。采用这样一种治疗方式，可以起到一般医疗手段所达不到的治疗效果。人们在触摸植物的过程中，可以仔细观察植物开花结果的变化规律，感受各种植物在生长过程中所表现的顽强生命力。视觉障碍患者还能通过感受药草散发的芳香，从中领会大自然的神奇。这种园艺疗法的治疗思想和"感觉之院"设计思路不谋而合。

· **哥本哈根的费勒公园**

位于哥本哈根的费勒公园就是丹麦"感觉之院"的代表之作，

费勒公园

位于费勒公园内的花坛

位于费勒公园内的小路

费勒公园内的一角

无论何人、无论何时都可以使用费勒公园内的各种设施，位于附近的福利机构将这里作为公共的治疗和康复场所，相关人士经常使用公园内的设施进行锻炼。

费勒公园不仅是"感觉之院"，而且是真正意义上的"体验之院"。对于很少有机会接触大自然的残疾儿童而言，费勒公园给他们提供了一个可以尽情欢乐的游乐场所。

公园内蜿蜒的小路、精美的雕塑、芳香的花草，以及可以用手触摸的植物和矮墙，都为孩子们接触自然界创造了机会。孩子们在小溪的流水声中，仔细观察着植物的生长变化，公园的自然景致使孩子们充满了好奇，让孩子怀着一种期待和渴望的心情对待未来的生活。这就是费勒公园巧妙地利用植物的自然变化规律对患者实施的一种园艺疗法。

③ 乘坐轮椅可以通向大海的栈桥

近年来丹麦的残疾人社团为其成员修建了很多度假设施。每年的 7 月是丹麦所谓的"工业休假（Industrial Vacation）"，绝大多数的工薪成员在此期间都有长达两周的假期。基于上述原因丹麦各级政府建设了多种面向残疾人士的疗养度假设施，以保证残疾人士在夏天的休假中能度过一个愉快的假期。

·针对残疾人士的疗养度假设施

德罗宁根度假村（也称"女王陛下度假村"）是丹麦硬化症协会于 1990 年修建的一所疗养度假设施。一期工程投资的 70% 由丹麦相关的旅游团体出资，其投资的条件就是待时机成熟时要求该设施向全社会开放。工程的最初规划是以接受残疾人士到此度假疗养为目的，后来则修改为普通人也能到此度假。只有向全社会开放的公共设施才能更好地体现其社会公众价值。整个工程进行了全方位的硬件和软件建设，使得该度假村不仅能接受硬化症☆(6)患者，而且也能接受其他各类的残疾患者到此度假。1991 年欧洲旅游协会将该度假村评为丹麦"最适宜残疾人旅游居住的度假村（the first of its kind in Europe for the handicapped）"。德罗宁根度假村的设计师是彼得·迪尔·埃里克森（Peter.Theill，Eriksen）先生。

该度假村由 44 栋独立的建筑单元和约 700m² 的公用场所构成。各栋建筑沿着海岸旁的松林排成了两列，建筑物黑色的墙面和蓝色的天空、绿色的树木构成了具有"田园风格"的空间环境。

埃里克森先生认为："建设德罗宁根度假村的主要目的，一个是为残疾人士提供疗养度假的场所，二是为了满足使用者的不同需求，三是营造一般福利设施所没有的特殊环境。"其实不用特别说明德罗宁根度假村是残疾人士的专用度假设施，因为在这里可

☆（6）硬化症

也称为"肌萎缩侧索硬化症"，即：ALS，属于神经性的一种顽症。表现为运动神经的细胞消失，使患者生活难以自立。引起该病的原因不明，患者逐渐出现说话、进食、呼吸的困难，身体的多种机能逐渐减退，但是病人的头脑思维仍能保持正常状态。

德罗宁根度假村的建筑群（全景）

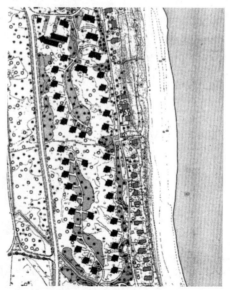

德罗宁根度假村的平面布局图

以看到其他疗养场地所没有的残疾人士的专用设施。

·疗养度假村的空间建筑

为了便于人们在各栋建筑中准确地识别自己所处的空间位置，并且从建筑物内部看到外部空间美丽的景色，建筑师对每栋建筑进行了精心的设计，每栋建筑的平面布局基本上采用相同的结构，放置在房间内家具的摆放方式也经过精心的考虑。和外部空间的连接处设计有平台，从室内到户外采用了无障碍化的设计，残疾人士在这里度假不会感到有任何不便。各栋建筑的紧急出口采用了向外开门的方式，每个房间都设有多个出入口，各栋建筑的房门都采用了向内、向外两种开门的形式。

在丹麦很少能看到在日本非常普遍的拉门结构。为了方便轮椅患者，房间的房门最好设计成向内开启的形式。因为对于轮椅患者而言，向内开启房门要相对容易一些，所以在患者握住门的旋钮开启门的同时，也能乘坐轮椅进出房门。从外面回来的时候，轮椅患者面临同样的情况，也可以方便自如地打开房门进入房间。在每栋建筑的内部，由于人们进出各房间的频率较高，建筑物内部房间的房门选用了类似日本的拉门结构，也不必担心室外的大风会从拉门的缝隙中钻进来。

每栋建筑单元的平面图　　　　每栋建筑单元的剖面图

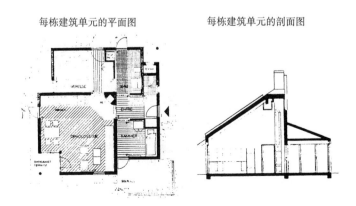

· **乘坐轮椅可以通向大海的栈桥**

　　度假村的各条小路将各栋建筑连接在一起，轮椅患者和行动不便的人士可以自由地从室内步入到室外休闲观光。当海浪冲打着沙滩和岸边的小道时，轮椅患者可以不必费力地到达沙滩旁，而且还可以借助专门的栈桥通向大海。这也是德罗宁根度假村深受人们欢迎的重要原因之一。而且只有事先进行预约申请，才有可能住到靠近栈桥旁建筑里。近年来轮椅患者迫切希望能开发出不怕海水腐蚀的轮椅，并期待着使用这种轮椅到大海中一搏。很多从出生时就一直使用轮椅的患者，轮椅已成为他们生活中不可缺少的伴侣，能乘坐轮椅到大海中徜徉也是他们梦寐以求的愿望，理所当然地不会放弃任何和大海近距离接触的机会。连接大海和沙滩的栈桥，成为轮椅患者体验大自然不可缺少的人造设施，时至今日还很少有这样能令残疾人士感到震撼的无障碍化设计作品。

　　日本也建设了很多面向残疾人士的度假中心，在度假中心里，残疾人士可以开展各种文化活动，以提高残疾人士的"QOL（良好的生活质量）"和"社会的参与度"。在这些设施内必不可少地都修建了一些游泳池，而且也为轮椅患者能顺利进入水池采取了各种无障碍化的设计。这些经过无障碍化设计的游泳池受到了轮椅患者的热烈欢迎。

德罗宁根度假村内通向大海的栈桥

专栏 1

森林中的音乐节（丹麦）

自 20 世纪 80 年代以来，丹麦的残疾人福利机构一直为实现重度残疾患者和身体健全人在同一街区生活的目标而努力，并期望使之成为一种常态化的工作。但是在推进重度残疾患者的自立过程中发现，这样的一种做法减少了残疾人士之间相互交流的机会，同时也造成了部分残疾人士生活质量的下降。

基于这样一种状况，欧洲肌营养不良协会联盟（EAMDA）会长埃巴尔德·科罗先生提倡：应当举办各种有利于残疾人士参加的活动，要创造残疾人士在一起相互交流的机会。这也是为什么要举行面向残疾人的音乐节的最主要原因。根据对丹麦残疾人士所进行的专门调查，有参加音乐节意向的残疾人士大大超过起初的预想，因此主办方决定扩大音乐节参加人员的规模。

通过在森林之中举办摇滚音乐会的形式，来开展音乐节的各项活动，整个会期为 2 天，在丹麦颇受欢迎的摇滚乐队和由残疾人士组成的乐队同台演出。1986 年首次举行的音乐节只有 2000 余人参加，可是到了 1996 年参加音乐节的人数就已经超过了 13000 人。整个音乐节的组织形式采取非营利组织（NPO）的方式，近年来每次举办音乐节所获得的各项收益均超过 800 万日元。

用于音乐节的海报

热衷于参加音乐节的人士皆为普通人士，残疾人士通过音乐来表达他们真挚的生活情感，很多人通过参加音乐节的活动使其身体状况发生好转。近年来音乐节的主题分别为"激发您潜在的价值"和"生活是如此地美好"等。很多站在舞台上的智障患者认为"我们通过活动发现了自身的价值，并且获得了无限的快乐"。

④ 恢复潜在的感觉机能

· 多元感觉治疗室和刺激感觉器官

多元感觉治疗室（Multi-Sensory Room）是激发残疾人士原有的感觉机能、对其五大感觉器官进行良好刺激的建筑设施。在经过专门室内装饰设计的房间内，患者在日常生活中很少受到刺激的触觉、视觉、听觉等知觉功能得以被激发，达到在自然松弛的条件下恢复患者的各种感觉机能的目的。进入 20 世纪 90 年代之后，欧洲很多国家的福利机构都建设了各种面向残疾人的康复设施，面向残疾人士的各种福利设施也逐渐普及开来。

很多福利设施利用其内部的部分区域修建了"多元感觉治疗室"，治疗室房间的面积为 20 ～ 40m²。房间内除了放置普通可以睡觉的沙发和充水的床垫之外，在幽暗的房间内还装饰了明暗相间和色彩变幻的采光灯具，顶棚上垂吊着装饰用的玻璃珠，安装着拍手即亮的照明灯具，放置着具有音响功能的沙发，整个房间由各种设施形成了具有特殊氛围的音乐环境，构成了别样的建筑空间。

多元感觉治疗室安装了多种用以激发（develop）人体各种机能的设备，除了刺激人们原有的各种感觉，还要维持残疾人士现

感觉之屋

感觉之屋

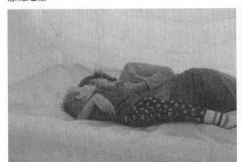

在水中举行的各种活动

在水中举行的各种活动

有的正常机能，恢复残疾人士因身体障碍变得逐渐衰弱的各种知觉。智障患者在这里可以接受针对感觉器官的特别刺激，以逐渐恢复他们的各项知觉。在多元感觉治疗室，残疾人士和护理人员都要用理性的观点来看待问题。智障患者通过训练可以提高注意力，并且对周围的事物会变得逐步地关心，这进一步促进了患者之间的相互沟通与交流。

在水中举行的各种活动

感觉之屋的护理人员要根据残疾人士的不同情况制定专门的训练方案。例如当残疾人士出现饥饿

感觉之屋

感觉之屋

感的时候，要适时地停止训练，并直接听取残疾人士的各种意见。不仅残疾人士自己要推进和残疾人士之间的交流与沟通，护理人员也要把握一切可能的机会，掌握残疾人士的真实想法。

· 在水中举行的各种活动

在"多元感觉治疗室"举办的大型活动之一是"水中举行的活动"。例如在丹麦的锡尔克堡（Silkeborg）等三所公立的残疾人福利设施和民间的游泳池内就举行过类似的活动。由于整个活动需要一周的时间，所以要将"多元感觉治疗室"改建为游泳池。

整个活动共举行了一周，各种泳池在活动期间为残疾人士专用，只是到了周六，普通的人士才可以使用。在残疾人士专用期间，来自丹麦全国各地的残疾人士可以达到2500人。由于到访的人数过多，以致有关方面不得不限制入场的人数。残疾人士在护理人员的帮助下进入到泳池中游泳，泳池中设置了随着游泳可以刺激感觉器官的设备，人们将这种泳池称为"魔幻的空间"。由于社会上可供残疾人士轻松自如进行游泳的场所实在有限，因此残疾人士将这样一个深受欢迎的游泳场所称为"魔幻的空间"也就不足为奇了。

每次类似的活动需要约500名的志愿者以及约500日元的运营费用。在最初的3年每次活动均是赤字运行，第四年才刚刚出现盈利。怎样运作这种深受残疾人士欢迎的活动，才能进一步推进全社会的无障碍化工作呢？这是摆在主办者面前的一个难题。

专栏 2

可能性艺术（日本）

英文：ABLE ART。在一般人的眼中绝大多数残疾人士创作的艺术作品的艺术水准要比专业人士低很多，通常对其艺术作品的评价或多或少地带有一定的福利色彩。但是以残疾人士为主体的艺术创作，通过其本身的创作活动可以恢复其人类不断追求的特性，在创作过程中发掘新的艺术价值。从 1995 年开始，日本在不断深入开展的群众性艺术活动之中创造出"可能性艺术"一词。在国际残疾年（1994 年）之际日本成立了残疾者艺术文化协会，日本的《每日新闻》等报纸从 1997 年开始逐步宣传"可能性艺术"。日本《残疾人艺术》杂志不仅从社会福利角度，而且从艺术的角度呼吁全社会要重新认识"可能性艺术"，并以此开展了一系列新的艺术活动。该杂志呼吁人们要关注残疾人所创作的绘画和其他艺术作品，称残疾人艺术家是"灵魂的艺术家"，呼吁人们从其艺术作品当中去体会残疾艺术家心灵上的感受。现在日本各地随处可以看到以残疾人艺术创作为主题而举办的各种展览会、论坛、研讨会。

很多人认为残疾人创作的艺术作品并不具备"非常特别的艺术价值"。这是因为绝大多数的人平时和残疾人士接触比较少，了解和残疾人士相关的知识有限，产生这样一种看法也就不足为奇了。

日本已经进入到成熟的现代化社会，而且经常使用要满足社会的"多方需求"一词。承认各种差异的存在是现代社会成熟的标志，人们要学会和不同的人士沟通，正视差异、逐渐消除人们之间的各种隔阂。通过不断地和残疾人士进行心灵上的交流，日本社会认同"可能性艺术"的人士也会逐渐地增多起来。

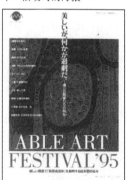

1995 年举行"可能性艺术"活动时的海报

3. 便于人们理解的设计

① 确认方位感的设计

前面介绍的福尔桑格中心利用"回声的设计"就是属于一种便于人们理解的设计方法，可以帮助人们确认自己"究竟在设施里的什么位置（方位感）"。

· **交汇的平面和曲面**

福尔桑格中心室内的建筑空间由平面和曲面构成，2 个不同的曲面相汇形成曲线或直线、曲面和平面也交汇形成曲线或直线。当您闭上双眼，能否想象出建筑物内部的空间格局？如果连续向右绕四个弯，那么有可能重新回到了原点。如果您原先不知道建筑物内部的结构布局，那么就有可能不知道自己现在所处的方位。基于同样的原因，当人们行走在弯曲的走廊上时，也容易产生方位的错觉。尽管道理非常简单，但是设施的使用者和初次到访的客人还是容易在设施内迷失方向。福尔桑格中心根据上述原理，采用有方位感的设计方法，使视觉障碍患者可以安心地在中心内活动而不迷失方向。无论围着中心的某处绕多少圈，视觉障碍患者也能清楚地判断自己在福尔桑格中心内所处的方位。

日本很多建筑设施也采取了类似的设计方式。例如位于日本横滨的专门为残疾人士建设的"横滨拉波尔☆（7）"福利设施就是其中的典型代表，为了方便视觉障碍患者能合理地利用"横滨拉波尔"内的各种设施，建筑物内部的走廊全部采用直线设计的方式，在走廊的交汇处也全部设计为平面相交的形式。

近年来日本建设"和谐城镇社区"的理念已经为全社会所接受，各个社区广泛地进行各种无障碍化设施的改造和建设。但是在某些公用场所内还经常可以看到采用无规则造型的设计事例，大量使用带有曲线和曲面造型的设计。出现这种现象的原因之一就是没有严格执行"无障碍化设计法规☆（8）"的有关规定，无障碍化设计的法规为建设"和谐城镇社区"和实现公共建筑的无障碍化指明了方向，但是很多建筑师和设计师在进行方案设计的时候只考虑现有的条件，在对相关法规的理解和实施上还存在很大的误区。专业人士对无障碍化设计法规的理解和执行况且如此，普通的人士对该法规更是知之甚少。

福尔桑格中心从视觉障碍患者的角度出发，整体的建筑设施全部采用了直线和平面的设计元素，以实现无障碍化的设计思想。尽管为了追求建筑物造型的美观采用一些曲线和曲面的设计手段也是无可厚非的，但是在设计具体的实施方案时，设计师应当事先征求视觉障碍患者的意见，采用各方都认同的体现建筑美感的设计方案效果会更佳。采用直线和平面等规则几何图形的设计方

☆（7）横滨拉波尔

日本为纪念在联合国倡导的残疾人十年计划，实现残疾人能和健全人一样"平等和参与权"的理想，在横滨建设了一座面向残疾人士的福利设施。该设施于1992年8月28日正式开馆，主要为残疾人士开展各种体育和文化活动提供方便。"拉波尔"一词来自法语：rapport，意思为"实现人与人之间心灵上的沟通"。

同样为了纪念"联合国·残疾人十年"的活动，日本于2001年9月在大阪府堺市地区为建设"国际残疾人交流中心"举行了奠基活动。建筑师认真听取了残疾人士对建设"国际残疾人交流中心"的意见，该工程的无障碍化设计方案中采纳了很多残疾人士提出的合理化建议。

☆（8）无障碍化设计法规

该法规的全称为"促进老龄人士、残疾人士合理使用特定建筑物及相关建筑设施的法律"，平成六年（1994年）法规第44号。

案，更有利于使用者理解建筑物的布局结构，这样的设计方案，也会获得残疾人士的广泛认可。如果有幸在多方认可的情况下，设计师也可以考虑其他各种能体现建筑美学的设计方案。设计师的工作是项艰苦的、创造性的工作，是对设计师智慧和才能的考验。

建筑师在进行设计时要统筹规划建筑物的各项功能。在很多情况下，由于建筑师在设计的过程中无法及时和用户进行沟通，没有听取用户的意见，因此建筑设计的方案欲获得各方都能满意的效果，是件十分困难的事情，这也是建筑专家在设计时容易产生误区的地方。例如在对美术馆进行设计的时候，设计师需要认真听取各方的意见，但是其内部采用何种的装饰布局，则要考验设计师的综合判断能力了。

· 固有的声音 = 小鸟的啼鸣

建筑师在对福尔桑格中心进行无障碍化设计时，采用了特别的设计方式以确保视觉障碍患者能及时判定自己的方位。所谓在特定的场所采用特别的装饰处理方法，就是在特定的场地安装能发出声音的小物件。例如在走廊的拐角处放置鸟笼，小鸟不断发出的"唧唧喳喳"的声音。由于该处只有小鸟的啼鸣声，视觉障碍患者可以判断自己已经走到了走廊的拐弯处。或者在某个角落设置一个自动的饮水处，在无人饮水的时候，可以发出哗哗的流水声，这样也可以让视觉障碍患者确定自己的方位。类似这样的无障碍化设计方法，健全人可能不知其中的奥妙，但是对于视觉障碍患者而言能清楚地理解其中的设计内涵。"福尔桑格"在丹麦

设置在走廊里的鸟笼　　　　　　　设置在角落里的自动饮水装置

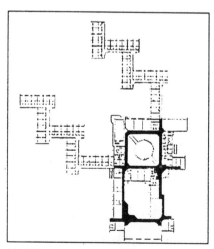

福尔桑格中心塔楼的平面布置图

语即为："fuglsang"，其本意就是"小鸟的啼鸣"，以其来命名该中心，其中也包含着设计师的良苦用心。

在日本，很多设施内采用了类似"导盲铃"的设计手段，但是设施内发出铃声往往会引起附近居民的误会，这种采用铃声的无障碍化设计方式不能看成是一种成功的设计手法。应当借鉴福尔桑格中心采用类似"小鸟的啼鸣"的一些设计手段。

· 塔楼之光和走廊之影

另一种帮助人们确认自己方位的无障碍化设计方法就是采用对比强烈的光线设计。在本书第36页介绍的能够控制回声的"塔楼"，透过塔楼的自然光线照射在地面可以和周围的环境形成明显的光线反差。塔楼的东北面全部为玻璃，只要打开其最上部的玻璃窗，光线就可以直接照射到走廊上，和走廊周围的环境形成鲜明的对比。这种采用光线明暗对比的设计手法，也是针对弱视症患者☆(9)所采用的一种无障碍化设计方法。

不仅走廊可以采用光线对比反差强烈的无障碍化设计方法。如果是由走廊围成的中央院落，也可以在靠近院落的墙面上间隔地开设窗户，使中央院落和走廊的公用空间分隔开来。福尔桑格中心不同于其他通常的建筑，没有将照明装置安装在走廊顶棚中心线的位置，而是将其安装在靠近走廊内墙墙壁的一侧。当开启照明灯具之后，靠近庭院的地面和周围的墙壁会形成强烈的明暗对比效果。

· 双色的标志线

建筑师需要经过一番思考才能确定究竟在墙壁的什么位置开设

☆(9) 弱视症患者
很多人一提起到"视觉障碍患者"就认为是双目完全失明的人士。但是根据日本厚生省所进行的"身体残疾患者的状况调查"得知，双目完全失明人士的比例不到视觉障碍患者的1/3。各种带有鲜明色彩的盲道和醒目的黄色指示标识，都可以对弱视症患者起到良好的指示作用。

走廊内明暗对比强烈的光线

朝向中央院落光线明亮的日光室

门，同时还需要考虑色彩搭配的问题。福尔桑格中心走廊的地面上铺设了浅蓝色和深蓝色2条标志线，浅蓝色的标志线位于走廊地面的中央，而深蓝色的标志线则沿着走廊墙壁内墙的边缘。由于所用的材料不同，靠近墙壁的深蓝色标志线的外表显得并不非常光滑。深蓝色标志线在靠近房门的区域是完全断开的，这样的设计方式是在提醒视觉障碍患者附近有大门的存在。这样的设计手法虽不算新颖，在日本的很多医院里也可以看到类似的设计方法。

· 光线映照下的房门

安装在墙壁上的房门在光线的映照下格外醒目，这也是便于人们确认房门位置的一种设计手法。这种设计方法是在房门对面走廊的墙壁上开设和房门一样大小的窗户，阳光从中央院落透过窗户直接映照在房门及周围的墙壁上，这种巧妙利用光线所形成的对比鲜明的设计手法，使得房门和周围的墙壁格外醒目，也成了在阳光映照下的房门。

· "K"形门框形式的房门

为了便于视觉障碍患者识别房门，可以将房门设计成窗门的样式。为了能让室外的自然光充分照射到室内，可以尽可能地扩大分隔室内和院落的房门的玻璃面积。尽管玻璃面的采光效果很好，但是弱视症患者分辨起来不太容易。福尔桑格中心采用"K"形门框形式的窗门设计，可以避免弱视症患者或老龄人士直接撞

"K"形门框形式的房门

位于建筑物中央的走廊 ➤

上玻璃房门，从而降低发生意外伤害的可能性。

令人感到遗憾的是现在很多日本的老龄福利设施依然采用大玻璃窗门形式的房门设计，虽然大玻璃的房门确实提高了房间的透明性，但是也增加了发生各种意外的可能性。在大玻璃房门中添加装饰条的设计方式兼顾了安全和审美两方面的因素，不愧是一种构思巧妙的设计方法。

② 色彩的设计

位于哥本哈根城市中心西部的"哥本哈根商务高等学校"是丹麦一所著名的学校，在该校就读的学生超过了4000人。该校于1991年建成竣工，是由建筑师赫宁·拉森（Henning Larsens）先生主持设计的。

哥本哈根商务高等学校的原址是所工厂，学校是在原工厂的基础上经过再开发建设起来的，该工程不愧为一流的改建工程。改建后的商务高等学校已经和其周围的集体住宅小区形成一体的人文环境，特别是几何规整造型的校园建筑和2栋马蹄形集体住宅遥相对应，构成了独特的空间环境。规整造型的校园建筑和2栋马蹄形集体住宅所围成的中央广场，成为了居住在附近集体住宅中的居民和商务高等学校的学生公用的休闲场所。所有到访此处的客人无不感叹这种开放而紧凑的空间布局。在注重都市景观整体效果的欧洲，人们经常可以看到这种将具有居住功能的集体住宅和具有教育功能的学校两种完全不同功能的建筑群融合成一体的设计手法。

专栏 3

图示的指示标识

有的时候用语言难以描述清楚某些事情，只要使用图文并茂的图示指示标识，就可以轻而易举地解决所要表达的问题。

目前人们设计了各种各样的图示指示标识，并且有日趋泛滥的趋势，因而会降低其清楚明晰的指示作用。凡是有海外旅行经验的人都知道，各国对卫生间和餐馆的图示标识基本上都采用国际化的标准。只要使用了标准的图示指示标识，无论地处何方，无论使用何种语言的人士都可以明白其中的含义。在日趋国际化的社会中掌握外语的重要性不言而喻，但是在语言不同的环境中人们也可以通过图示标识去理解其中的含义。当看到表示指示方向的箭头标识时，人们可以清楚地了解其前进的方向。但是当箭头标识改变了方向甚至发生了弯曲，这时人们就有可能弄不清楚前后的方位了。因为图示标识是设置人向使用者表达正确的使用信息，因此所设计的图示标识应当有利于人们正确地理解其中所要表达的真实含义。

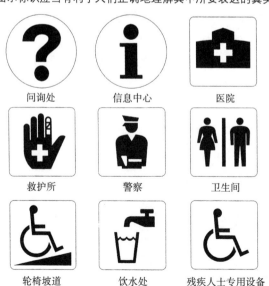

问询处　　　　　信息中心　　　　　医院

救护所　　　　　警察　　　　　　　卫生间

轮椅坡道　　　　饮水处　　　　残疾人士专用设备

· 用色彩区分不同的区域

为了便于人们理解商务高等学校的内部建筑布局，建筑师在设计时尽可能地采用简单规整的几何造型，从建筑物的平面布局中可以看到宽敞的大门位于整座建筑的中心位置，其他的附属建筑则如同两翼沿着中央大厅向两侧对称展开，长长的走廊连接着每层不同的房间，就如同整座建筑的脊柱一样，构成了独具特色的建筑空间。整座建筑外观采用白色调，而左右两侧的内部区域分别采用蓝色和粉红色为主的色调。由于整体建筑选用浅色的色彩基调，因而非常符合学校的特点，而且在此基础上只要对色彩稍加改变，就可以构成新的美妙的内部空间。安装在顶棚的顶灯所发出光线的色彩也非常鲜艳。整座建筑给人留下了室内设计简洁的深刻印象。

· 规整的平面布局并不沿轴线对称

为了弥补整座建筑设计过于简洁的特点，该建筑的走廊采用了一种不沿轴线对称的设计方式。整个走廊沿着中央大厅的两侧向外延伸，但是角度沿轴线方向出现了微小的倾斜。这样一种走廊角度发生变化的设计，使得原来规整的内部空间变得更为生动。

前面给读者介绍的福尔桑格中心的建筑结构，为了便于视觉障碍患者理解其内部的布局，在走廊的交汇处尽可能地采用平面相交规整的几何结构。商务高等学校采用了以中央大厅为中心、

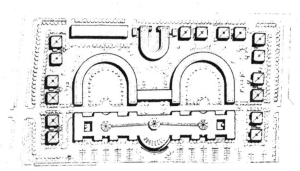

商务高等学校建筑物的平面布局图（学校＋集体住宅）

商务高等学校的外部全景

商务高等学校的内部结构

商务高等学校的内部布局

其他建筑沿两翼展开的平面布局结构，整座建筑没有走廊交汇所形成的路口和各种曲面的造型，从这样的建筑结构中可以看到设计师充分考虑了视觉障碍患者的身体特点。如果不是基于上述的原因，商务高等学校没有必要采用如此简洁规整的几何建筑布局，完全可以采用超时代的建筑造型。

· **地面和墙面采用对比鲜明的色彩设计**

出于对视觉障碍患者的考虑，商务高等学校在设计上给人留下的另一个深刻印象是其内部地面和墙面采用了对比非常鲜明的颜色进行装饰。福尔桑格中心白色的墙壁和深蓝色的标志线形成了非常鲜明的色彩反差，而商务高等学校也采用了反差强烈的颜色进行色彩装饰。

商务高等学校一层的大理石地面和白色墙壁形成了鲜明的颜色对比，二层至四层青绿色的地面和白色的墙壁颜色反差依然强烈。因为设计师在进行室内装饰设计时优先考虑了视觉障碍患者的身体特点，采用对比鲜明的色彩设计方案便于视觉障碍患者确认空间的建筑格局，所以无论是谁都能很容易地理解该建筑的空间布局结构。尽管学校不同于人们日常的生活空间，也可能是由于各国的国情不一，给人造成的印象是该学校内部选用装饰色彩的种类稍微地多了一些。

在学校宽敞的门厅之内，设计有喷水池，而走廊和喷水池之间并没有设计台阶作为分割的围挡。在大厅内设计这样一个喷水池，构成了有趣的自然景观。当人们踩在溢出水的地面上的时候，

商务高等学校的夜景

心情也会略显得紧张一些。设计这样一个喷水池更多地只具有象征性的景观效果，但是从无障碍化设计的角度出发，这样的设计还是能引起不小的争议。

③ 关于对附属设备的设计

在本书第 62 页为读者介绍了德罗宁根度假村中的"乘坐轮椅可以通向大海的栈桥"的设计，该设计并不仅是建筑师彼得·迪尔·埃里克森先生的个人创意，而是和丹麦硬化症协会会长库里佩尔先生一同完成的设计作品。由于两人有很深的私交，而且府邸相距并不远，因此在构思德罗宁根度假村设计方案的时候，两个人之间曾经就彼此的想法进行过深入交流，在具体的实施过程中不断加以完善，最终完成的德罗宁根度假村是在经过无数次交流和争论之后完成的最终成果。

· **汇集各种开关的灰色标志带**

从视觉障碍患者的角度出发，建筑师在建筑物的内部设计了特别的灰色标志区，灰色的标志区距离地面的高度为 100cm，其宽度为 20cm。该标志区实质上是镶嵌在墙壁上的灰色面板，在面板上安装了可以开启照明设备的开关、控制空调的开关、电视的开关及各种插座，该面板是控制室内环境的一种控制面板。无论

灰色的标志带

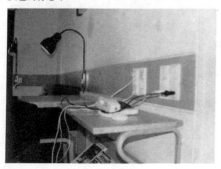

是在宾馆还是在旅馆，人们在幽暗的房间内可能不知道各种控制开关的位置，但是无论是谁完全可以凭借着经验去寻找房间的灰色标志带，并最终找到控制面板。之所以选用灰色作为控制面板的主色调，就是其能和白色的墙壁形成比较强烈的颜色反差。但是从识别色彩的角度出发，色彩专家们认为黄色和红色的色彩会更引人瞩目。

因此读者千万不要产生"采用灰颜色作为标志带的首选颜色，就是借鉴了外国的先进经验"的错误想法，应当避免出现盲目迷信外国的不正确做法。德罗宁根度假村是用户和建筑师在相互交流的基础上完成的工程项目，事实上还可以产生其他创意更好的设计方案。完美的工程设计目标是建筑师的设计方案能够很好地满足用户的各种需求，但在实际的工程项目中类似德罗宁根度假村的设计案例仅仅是一个特例，并不具备普遍的指导意义。

4. 便于人们理解的新型设计

① 消除了各种台阶的无障碍化设计

· 安装在大厅内的电梯发挥着主导作用

特拉布霍尔美术馆内采用无障碍化设计的坡道和回廊，成为

具有大按键键盘的电话机

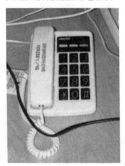

了参观者参观展示空间的主要通道。安装在美术馆的各种电梯和坡道一样也采用无障碍化设计，没有任何台阶。在美术馆的展示庭院（exhibition garden）内，新增加了以"椅子"为主题的展示空间，这个展示空间的面积达到了 600m²，展出的是阿恩·雅各布森☆（10）（Arne Jacobsen）先生所创作的以"椅子"为主题的展示作品。由前面的圆形大厅和后面的方形展厅两部分建筑空间构成了美术馆基本的建筑格局，从外面看，美术馆主体建筑基本上被水平地面所埋没，连接的坡道和安装在圆形大厅☆（11）内的电梯消除了水平地面和地下一层所形成的高度差。特拉布霍尔美术馆为人们展现了别样的展览空间。

圆形大厅的周围环绕着螺旋式的坡道，参观者可以沿着坡道进入到地下展厅。安装在大厅内的电梯也发挥着承上启下的作用，并且电梯的造型设计非常美观。安装在大厅的顶灯将周围的墙壁照得非常明亮，使置身于大厅的参观者心旷神怡。为了能细致地欣赏展出的各种展品，几乎所有的参观者都选择沿着坡道前行。这样在欣赏圆形大厅墙壁上凹室内展出的各式"椅子"的同时，参观者在不知不觉中沿着螺旋坡道自动移动到了圆形大厅里。

安装在圆形大厅的电梯并不是人们常见的厢式电梯，从上往下看电梯呈曲面造型，给人一种柔和的印象。电梯包厢内没有屋顶，

☆（10）阿恩·雅各布森（Arne Jacobsen）
阿恩·雅各布森（1902～1971）是国际上评价颇高的丹麦著名建筑师和家具设计师，他设计了丹麦 SAS 罗伊亚尔饭店等建筑。他在 1952 年设计的"蚂蚁"座椅和 1955 年设计的"天鹅"座椅尽管并没有投入大批量的生产制作，但是人们还是公认其设计的座椅所具有的艺术价值（见侧图）。
☆（11）圆形大厅
英文：rotunda，其特点是基座为圆形，而顶部为穹形的空间结构。

圆形大厅内的凹室展室

采用了完全开放式的设计，其中的木质扶手给人轻松温暖的感觉，参观者乘坐在电梯上仿佛在游乐园内乘坐颇受欢迎的游乐器械一样。在通常的情况下，身体不便的轮椅患者大多是选择电梯上下楼。因此在设计时选择在什么位置安装电梯？选择什么样式的电梯？这些都需要建筑师仔细斟酌。由于事先考虑不周，在电梯安装之后才发现各种各样的问题，然后迫不得已再重新安装的案例也并不少见。通过安装在特拉布霍尔美术馆内的电梯，可以看出设计师是颇费了一番心思的，这部电梯可以看成是既体现无障碍化设计思想又兼顾整体美观效果的成功设计范例。

· **巧妙地利用坡道作为展示的空间**

特拉布霍尔美术馆还值得令人称赞的是其独特的坡道设计。在坡道的墙壁上开设的凹室构成了特别的展示空间，为参观者逐一展现所陈列展品的艺术魅力。为了消除台阶的障碍，整个坡道围绕着中央大厅的墙壁采用了螺旋式布局，大厅墙壁上开设的凹室形成了小小的展示空间，陈列在展示空间内的各种椅子在灯光的映照下格外醒目，开放式的圆形大厅宽敞明亮，同细长而螺旋的幽暗坡道形成了鲜明的对比。为了有效地将坡道和其他建筑空间区分开来，美术馆设计合理的照明方案构成了别样的光影世界。

日本很多的建筑师都苦于不知如何利用坡道上的建筑空间，不能只是为了遵守"无障碍化设计法"的相关规定来单纯地考虑坡道设计，这样只能会降低坡道的艺术效果。例如在设计美术馆的时候，为了体现所陈列作品的艺术魅力，建筑师不能闭门造车，

安装在圆形大厅内的电梯

电梯的内部

电梯的正面

通往特别展厅的坡道

如同埋在地下的四方造型的展厅

展厅内的座椅和中央庭院

要努力去征求艺术界相关人士的意见，才有可能设计出令各方满意的方案。或者建筑师应当事先征求参观者的意见："如何设计坡道效果才能更好？"只有综合各方的意见，建筑师才能作出令人满意的答卷。按照新的设计理念要完成便于人们理解的方案，建筑师和各方人士进行沟通是设计方案成功的关键。

② 解决设施中存在的问题

下面重点给读者介绍在设计房门的门槛时应注意的问题。丹麦相应的建筑法规规定：房门的门槛高度不应超过25mm，这样便于人们用力将轮椅推进到室内（日本规定机动车的路面和人行道的路面高度差不应超过20mm）。如果按照无障碍化的设计思想其理想的高度差应当是0mm，但是如果真是采用0mm的高度差，那么就会产生狂风从门和地面的缝隙中钻进室内和雨水流进室内等新的问题。

· 可动式的门槛设计

在姆斯霍尔姆·贝·费里中心可以看到既没有台阶又避免狂风从缝隙中钻进室内的门槛设计方案。建筑师在食堂和户外连通的房门下设计了带有弹簧的门槛，人只要踩上坚硬的门槛就会发出"铿铿"的金属声响，让人产生不快的感觉。由于目前这种门槛设计还处在实验阶段，希望今后姆斯霍尔姆中心能对这种方案有所改进。患有重度残疾的患者往往使用电动的轮椅出行，尽管电动轮椅重量不小，但是并不存在任何功能性的问题。姆斯霍尔姆·贝·费里中心最先采用的这种门槛的设计形式，今天在埃格蒙特学校和一般性的住宅当中已经被广泛使用，并且开始推广普及。

· **关于厨房的设计**

德罗宁根度假村的厨房是面向广大残疾人士设计的。厨房的操作台完全是开放式的，各种架子和抽屉的高度距地面为66～106cm，而且高度是可以电动调节的，整个厨房的地面没有任何台阶。老式的厨房操作台和橱柜被设计成一体的结构，根本无法变动。但是新式移动式橱柜☆(12)已经成为橱柜的主流样式，其抽屉和架子都采用大型的扶手设计，这样更便于人们握住扶手。设计师考虑到轮椅患者的实际情况，专门设计了位于地面的洗涤槽。在丹麦经常可以看到水龙头安装的位置更加靠近洗水池，水龙头的式样很多，并不是日本通常所见的蛇头形水龙头。

由于整体橱柜属于重要设施，安装时需要花费很高的费用。在修建德罗宁根度假村的时候，建筑师在设计之初并没有考虑安装可以调整高度的橱柜，以免出现投资过剩的现象。但是橱柜上的架子和洗涤台的高度如果用手动的方式进行调整，则会有利于护理人员更有效地利用厨房内的各种设施。究竟安装何种的橱柜效果会更好，还要经过长时间的检验才能得出结论。

· **关于浴室的设计**

由于浴室（卫生间＋淋浴室）是人们日常生活中最重要的生活

可动式门槛

可动式门槛

橱柜的设计

厨房的细部设计

☆（12）移动式橱柜
这是指架子和操作台的高度可以分别
进行调整的橱柜，一般设有可以遥控
的装置。特别适用于残疾人士及护理
人员相互频繁和交替地使用厨房设备
的情况。

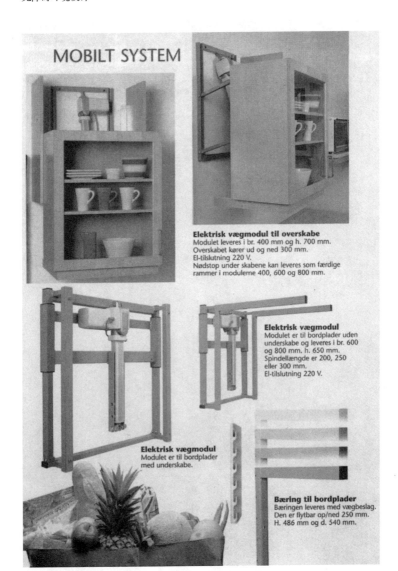

MOBILT SYSTEM

Elektrisk vægmodul til overskabe
Modulet leveres i br. 400 mm og h. 700 mm.
Overskabet kører ud og ned 300 mm.
El-tilslutning 220 V.
Nødstop under skabene kan leveres som færdige
rammer i modulerne 400, 600 og 800 mm.

Elektrisk vægmodul
Modulet er til bordplader uden
underskabe og leveres i br. 600
og 800 mm. h. 650 mm.
Spindellængde er 200, 250
eller 300 mm.
El-tilslutning 220 V.

Elektrisk vægmodul
Modulet er til bordplader
med underskabe.

Bæring til bordplader
Bæringen leveres med vægbeslag.
Den er flytbar op/ned 250 mm.
H. 486 mm og d. 540 mm.

整体橱柜制造商的宣传海报

空间之一，因而也让建筑师花费很大的精力进行设计。一个公用设施能否得到用户的认可，其中对浴室的评价好坏是评价整个设施的重要指标。在对德罗宁根度假村浴室进行初步设计的时候，设计师参考了大量由住宅、车辆、辅助设备（technique aid agency）等单位出版的各种相关资料，并采纳了很多用户所提出的建设性意见。

例如安装在浴室的坐便器采用雕有花纹的样式，雕刻的花纹可以刺激人腿部内侧的肌肉，有效地促进排尿。目前坐便器一类产品的生产已经完全实现工业化，在坐便器的侧壁设计出吊钩和在轮椅的侧轮设计出悬挂吊物的吊钩的作用一样，其目的也是有效合理地利用空间。

③ 从护理者的角度出发进行的设计

· 减轻护理人员负担的浴室设计

由于浴室内安装了坐便器和淋浴设备，所以建筑师在进行浴室设计时，还要考虑如何便于护理人员开展工作。特别是当残疾患者在小便失禁的时候，特别希望能够进行简单地冲洗。德罗宁根度假村每个浴室的面积大约有 $6m^2$，设计这样大面积的浴室空间，就是考虑到在里面进行清洗、扫除等活动的需要。这样一种设计方案在一定程度上减小了护理人员的工作负担，正确地选择

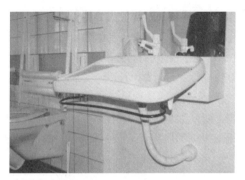

略带倾斜角度的洗面池

方便轮椅患者使用的坐便器

能产生良好刺激效果的坐便器

安装在浴室内的坐便器和淋浴设备的样式，在很大程度上也能降低护理人员的工作强度。

· 确保护理人员的隐私

由于护理人员是照顾残疾人士生活的不可缺少的伙伴，所有到访度假村的残疾人士必定都需要护理人员的陪伴。所以建筑师在对度假村进行设计的时候，不仅要考虑到残疾人士的各种需求，也不能忽视护理人员所提出的正当要求，这也是一个实现令多方满意的设计方案的关键之所在。

例如，在很多的丹麦度假设施内都可以看到护理人员专用的房间，这样的房间为护理人员保护个人隐私创造了一个私密性的空间。在护理人员专用的房间内，护理人员可以放松疲惫的身躯、纾缓一下紧张的心情。这样一种考虑护理人员需求的设计方案，可以避免可能出现的很多节外生枝的问题。

全社会要正确认识护理人员的工作性质，不仅要考虑护理人员合理的需求，也要满足各类志愿人员的正常要求，创造一个良好的和谐社会环境。英国全国性的志愿者（mencap）团体不仅为智障患者提供各种的服务，而且为接受残疾人士的福利设施机构编写了专门的运营管理手册，也对护理人员的心理辅导提供各种可能的帮助，并且为形成最终的法规提供了参考性的意见。广大护理人员已经成为各类社会公益团体所组织的各种活动的积极参与者。

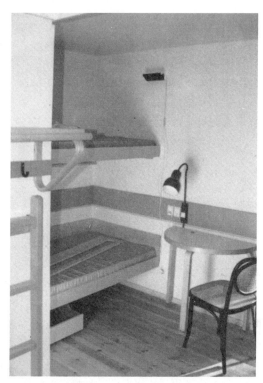

看护人员专用的寝室

经过特别设计的衣服架子

④ 关于公用空间的设计

·用平克罗石铺设的人行道

在丹麦随处可以看到用石块铺设的人行步道，这已经成为丹麦都市景观的重要标志之一。采用石块铺设人行步道的主要原因，一方面是出于对都市景观设计的考虑，而另一方面也是出于对视觉障碍患者的考虑，日本也已经在渐渐地采用石块铺设人行道的设计方式。当然和铺设盲道相比，在日本用石块铺设的人行道可能不利于人们理解其中的含义，判断自己准确的方位。但是从都市的景观环境考虑，石块路面能呈现非常良好的景观效果，行人可以在铺设着石块的路面自由而轻松地行走。根据不同都市和地域环境的发展要求，各地方可以确定适合本区域的石块路面的宽度和数量。通过作者的实地考察发现，丹麦的石块路面体现着较强的地域特征。

各国行政官员要在认真听取残疾人士和设计人员意见的基础上，提出对公共场所建设的实施方案。用石块铺设路面并不是不存在什么问题，日本之所以很少使用石块的主要原因是因为在用其铺设路面的时候，需要大量的劳动力，因而人工费用很高。而且在日本穿高跟鞋的女士很多，不用石块铺设路面也是为了防止发生意外的事情。在世界上人工费用最高的日本，用石块铺设路面的确是件难以推广的工作，在从"都市化社会"向"都市型社会"转变的过程中，如何实现"都市的再建设"，是现代社会无法回避的重要问题。

用石块铺设的人行道

红色的指示线

红色的指示线

丹麦的腓特烈西亚市由政府出资铺设的具有实验性质的路面（红色指示线）

专栏 4

国民高等学校制度（丹麦）

丹麦的国民高等学校接收的对象是年满 18 岁的成年人，是专门接收完成了 9 年义务教育的成年人学校。在丹麦本土有 100 多所国民高等学校，在挪威、瑞典、法罗群岛（丹麦）、爱尔兰也有类似的学校，学生全部为住宿制，不以各种考试作为学业考核成绩的评价指标。

在丹麦只有一半的学生在完成了义务教育阶段的学业之后，能进入到大学里继续深造；而另一半的学生则都要进入到国民高等学校继续学习。国民高等学校的学生平均年龄只有 20 岁左右，由于学生们明确其未来所要从事的职业和岗位目标，因此要在学校内学习并掌握未来职业所需要的专业技术和技能。也有的人在连续工作 5～6 年之后，能够获得长达 1 年的带薪休假，这些社会人可能会再重新进入到国民高等学校进行充电学习。国民高等学校发挥着接受社会人再入校进行继续教育的功能。

位于丹麦奥胡斯市郊外的埃格蒙特学校就是一所接收成年人在此进行学习的国民高等学校，身体健全的学生和身体残疾的学生在学校里一起学习和生活。这是由丹麦身体残疾人的全国协会（National Association）设立的一所"和普通人一同生活"的学校，类似这样的学校在丹麦也仅此一所。这所学校接收身体残疾的学生，其目的是培养残疾人在远离亲人时也具有独立生活的能力，在学校内残疾学生还可以学习自己感兴趣的各种技术和艺术，以获得在未来社会上的生存能力。这所学校也接收来自日本的学生（据了解，也接收中国学生——译者注）。

（埃格蒙特学校的网址为：http://www.egmont-hs.dk/）

埃格蒙特学校的外观

目前在盲道路面上为视觉障碍患者铺设的黄色地砖，还没有听到来自有关各方否定的意见。但是政府在进行公共投资时，不能以此为由拒绝同有关各方进行交流和沟通。作者就日本铺设黄色的盲道一事，想听一听来自丹麦专家的意见。得到的回答是："目前在其他国家还没有听说放弃铺设盲道的事情，但是人行道不仅是视觉不好的人在使用，也要考虑到其他人士的使用需求。"日本也应当将涉及公共事务的各类事情让社会各方进行广泛地研讨。

· **路口遵循人行道优先的原则**

福尔桑格中心所在的腓特烈西亚市，是丹麦一座为视觉障碍患者的生活和出行考虑十分周全的城市，各种公共场所的无障碍化设计非常完备。作者在丹麦考察时看到了一种特别的情况，这座城市有一条专门用作实验性质的人行步道，路面上铺设着红色的标志线和盲道。最早路面选用的是类似橡胶一样柔软的材料，但是其耐久性一般，经过实践的检验之后，采用铺设红色的标志线及盲道的效果并不令人满意。目前已经改铺石材路面，石材既满足了路面耐久性的要求，也符合周围环境的需要。

腓特烈西亚市的有些路口遵循着行人优先的原则。在绝大多数城市的路口则遵循着机动车道优先的原则，人行步道在路口处被自然地分断开。但是在这座城市有的路口是机动车道被自然地

用石块铺设的地面（丹麦腓特烈西亚市）

分断开，而人行道则被设计成连在一起。尽管这种设计思想是受丁字形路口的启发，并且具备路口的基本功能，但是目前这种行人优先的路口设计还处在反复的试验性阶段。

· **视觉障碍患者专用的盲道**

丹麦在进行都市景观设计时，充分考虑了视觉障碍患者的需求，做到了都市建筑和无障碍化设施之间的相对平衡。例如铺设在哥本哈根车站内视觉障碍患者专用的盲道，其盲道地砖上有约1mm的浮雕突起，但是普通人很难感觉地砖上这微小的变化。

尽管这种盲道的设计得到了视觉障碍患者团体的认可，但是这样的盲道是否能起到导引的作用，在视觉障碍患者之间还存在着不小的争议。很多人对此也持否定的看法，认为采用这种方式设计的盲道值得商榷。

· **坡道式的自动扶梯**

很多的商业设施为了避免出现台阶而设置斜面的坡道，或者安装坡道式的自动扶梯，使得绝大多数人都可以利用自动扶梯上下行。由于乘坐自动扶梯的人当中有不愿意上下台阶的人、有使用轮椅身体不便的人、有推着婴儿车的主妇、有提着大箱子的人和儿童等各类人士，因此自动扶梯的踏板☆(13) 宽度最好超过30cm，这样的自动扶梯能更方便人们使用。

☆（13）踏板
踏板是构成台阶的一个组成部分。为脚踩在台阶上的部分，即踏在台阶表面的部分。

哥本哈根车站内的引导盲道

在日本的很多大型商城也可以看到安装着用来搬运大型商品的自动扶梯,当初商城安装自动扶梯的目的主要是方便搬运货物。这些商城可以不需要进行特别的改造,就可以将自动扶梯改建为供顾客使用的无障碍化公共设施。

· **平缓的坡道**

根据日本《建筑基准法》关于实施无障碍化设计的规定,任何建筑设施主体建筑的正门部分都要设计阶梯和坡道,在条件允许的情况下还要设计电梯,以供不同类型的人使用。而坡道不仅要求设置在醒目的位置上,而且要求设计美观实用。轮椅患者可以不需要别人的帮助自己就可以借用坡道进出设施。这种无障碍化设计的坡道既可以使轮椅患者看到自身存在的价值,也可以减少他们所产生的给社会增加负担的精神压力。

专栏 5

消除地面上的高度差

相对于机动车道而言，人行道更能确保行人的出行安全。基于上述的因素，从方便轮椅患者出行的角度出发，设计师在设计路口的时候，应当尽可能地消除地面上存在的各种高度差。如果实现路口的无障碍化设计，那么路口的路面有相当大的部分要设计成倾斜的路面。但是对于视觉障碍患者而言，铺设的盲道必须能及时提醒他们已经临近危险的区域，要能使视觉障碍患者明确人行道和机动车道的交汇界限。美国和日本并没有全面推行消除路面高度差的工作，在机动车道和人行道的交汇处设计出了轮椅可以通过的高度差，轮椅患者可以依靠自己的力量通过路口，同时在路口处也铺设了专用的盲道。

日本的人行道在路口处并没有采用分段断开的设计方式，位于机动车道内的人行横道的路面高度和旁边人行步道的高度完全一样。在海外，很多国家的人行横道的路面高度和人行道的高度一样，机动车在距离路口很远的地方就能看到人行横道的标识，驾驶员能及时调整汽车的速度以确保步行者的安全。高出路面的路口设计方法，可以使驾驶员在很远处就能发现路口，进而从心理上和行动上引起警觉。

尽管日本也遵循行人优先的原则，但是还没有全面推进对路口的各项改进工作。只是在人行道和机动车道路面高度一样的地方，采用设置安全栅栏的方式以确保行人的安全，尤其防止在弯曲的道路上发生机动车误入人行道的现象。

5. 保留建筑物原有历史价值的无障碍化改造设计

① 尊重建筑物原有历史价值的博物馆

本书从第 41 页至第 52 页以"3 个断面"为读者介绍了科灵城博物馆，该博物馆既有哥特式的建筑风格，也有早期文艺复兴时期的建筑风格，还有晚期文艺复兴时期的建筑风格，更有巴洛克式的建筑风格。融汇了 4 种建筑风格的科灵博物馆为读者描述着在悠久历史长河中其变迁发展的故事。

· 独立的新结构

丹麦的科灵城如同一座体现多种建筑风格演变过程的历史博物馆。建筑师约翰内斯·埃库斯纳认为科灵城承载着太多的苦难和沉重的记忆，如果有可能的话，建筑师还是想恢复从前的建筑风貌。但是今天的科灵城要想再实现这一愿望，面临着诸多的困难，恢复原貌也成了一种奢望。随着时代的变迁，科灵城的地面高度在不断发生改变，在原来的地面上不断矗立起新的建筑，科灵城的建筑风貌也在不断地发生变化。

如何利用原有的建筑物，对其重新进行设计使之成为新的建筑，已经成为很多设计师在"翻新旧建筑"的改建工作中，努力

新的结构和原有的构造

探索新型的设计方法。例如如何在建筑中保留古老的砖砌墙壁结构，而在地面上铺设新型的地面材料。在既保持原有建筑结构的同时，又体现新的建筑风貌。

只要人们去参观科灵城博物馆，就可以看到保存下来的砖砌墙壁、楼梯、窗户，当人们用手触摸这些古老的建筑遗存时，会从心理上和身体上感到和历史是如此地接近，仿佛在和古人进行交流一样。科灵城博物馆内部进行的无障碍化改造工程为古老的空间结构增添了新的建筑元素。

很多国家都在原有旧建筑的基础上，引入新的施工技术赋予建筑物以新的生命。在这方面日本已经落后于很多先进国家。关于如何"翻新旧建筑"☆(14)，进行无障碍化设计的改造，日本仍有很多工作值得去做。

· 分别发挥其不同的功能

在对旧建筑物改建的过程中，应尽可能地选用和原建筑一样或者相近的建筑材料。如果选用和原建筑相差甚远的建筑材料，就展现给人们和原建筑完全不同的建筑风格，体现一种崭新的建筑风貌。例如丹麦原先的"国王塔（King's Tower)"，其塔身上部的外墙于1808年时被毁毁。人们在修建该建筑的时候，外墙墙壁仍选用和原先一样的砖砌结构，而塔身内侧则改为安装铁质的螺旋楼梯。

☆（14）翻新旧建筑
就是对原有的旧建筑进行改建，使其焕发新的生命力。日本每年开工的建筑面积有15%是在拆除原有旧建筑的基础上进行的。近年来出于对环保、减排等因素的综合考虑，合理地发挥旧建筑的功能并进行适度的改建已经逐渐成为主流的设计思潮。

连接旧建筑和新结构的
细部构造

连接旧建筑和新结构的细部构造

科灵城博物馆的全貌

埋在墙壁内的石质台阶面

向上可以看到用橡木装饰的墙壁

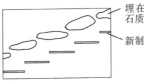

埋在墙壁内的
石质台阶面

新制的铁质阶梯

地下餐厅的入口处

设置在入口处的楼梯

可以照亮台阶面的照明设备

设置在餐馆内的楼梯

女王塔

全部采用防滑设计的楼梯台阶面

和砖砌墙壁的塔身形成鲜明对照的是"女王塔（Queen's Tower）"，其改建过程中采用了钢铁和玻璃等现代的建筑要素，为了避免直射的阳光使古老的砖瓦受到损坏，设计师经过慎重考虑安装了铁质的散热孔，并设置了连接东墙和中央院落的铁质楼梯。为了避免人们在铁质的阶梯上出现滑倒的现象，楼梯的踏面全部采用了防滑设计。

科灵城博物馆原先的外墙墙壁采用了橡木材料的装饰，岁月的沧桑使橡木装饰的墙壁已经受到了大面积地损坏，目前只是进行了部分修复，而且很多修复的部位采用了新型的装饰材料。经过翻修的砖砌结构外墙，做到了和周围环境的有机融合。在对原建筑的翻新改建过程中，设计师尽可能地保留了原有的橡木装饰壁面、家具、立柱、吊灯及砖砌墙壁。

② 对原有的建筑进行改建

路易斯安娜现代美术馆是哥本哈根市民熟知的著名美术馆，每年参观的人数达到了 50 ～ 60 万人。美术馆距离哥本哈根市内有 40 分钟的车程，在日趋城市化进程的现代社会里，位于都市外的路易斯安娜现代美术馆为如何建设郊外型美术馆提供了样板。

美术馆的展品主要以毕加索和德彪西的现代艺术作品为主，

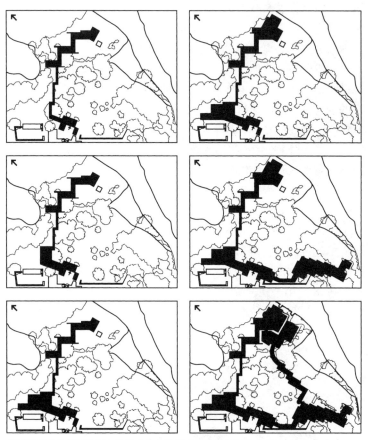

经过不断改建的路易斯安娜现代美术馆的平面布局变化图

在展厅之外，美术馆还设有小型音乐厅和供孩子们举行讨论会的活动室，以及展示功能☆(15)之外的可供人们举行各种活动的多功能活动中心。这座于 1855 年在私人府邸庄园基础上改建的美术馆，至今已经进行了 5 次大规模的改建工程。1958 年开始进行了第一次的改建工程，最近一次改建工程是于 1994 年竣工完成的。由于美术馆的选址远离都市，最初美术馆开馆时设立的展示空间非常有限，所以不可能期待有更多的客人前来参观。随着美术馆的环境设计不断改善，展出作品的艺术性也不断提高，吸引了越来越多的客人驱车慕名前来参观，美术馆的影响日趋扩大，要求对美术馆进行改建的呼声也越来越高。鉴于丹麦不断扩张的市场化进程，有关方面正在考虑将美术馆的运营方式转为民营管理。

· 保留其原有风格的无障碍化设计

建筑师在主持路易斯安娜现代美术馆无障碍化工程改建的过程中，精心筹划无障碍化设计方案。例如，对于安装电梯这样一个工程，一般只能属于小型的改建工程。但是建筑师维希姆·沃勒特（Vilhelm Wohlert）先生以强烈的责任心并投入了相当大的精力，使其主持的改建工程尽可能地保留原有的建筑风格。

1958 年第一次对路易斯安娜现代美术馆实施改建工程的时候，建筑师沃勒特先生并没有充分考虑到残疾人士的身体特点。

参观者在使用楼梯升降梯

☆（15）展示功能

美术馆的展示大厅除了具有面向一般观众的展示功能之外，还兼有以儿童为对象进行教学研究的教育功能和修复作品的收藏功能。美术馆除了专职的工作人员之外，还有大量的艺术爱好者在此兼职进行义务工作。

但是随着时代的变迁，对美术馆进行无障碍化设计改造逐渐提到了日程上来。为了实现轮椅患者自己使用轮椅参观展览大厅的愿望，美术馆实施了以"方便残疾人士使用"为主题的改造工程。

路易斯安娜现代美术馆的不同展厅完全依照着起伏的地形走势修建，多条走廊和台阶将不同的展厅相互连接在一起。由于地面高度不一，为了消除各展厅之间存在的地面高度差，美术馆在1981～1983年实施了无障碍化改建工程。在美术馆内设置了坡道、安装了电梯和自动扶梯，并且安装了可以沿着楼梯移动的升降梯。这种可以移动的升降梯，是借助安装在楼梯墙壁上的特别升降轨道，使升降梯沿着轨道前后移动。日本也可以看到类似的设备，但是在日本安装这种设备的设施并不多，使用的频率也极为有限。在路易斯安娜现代美术馆不仅可以看到轮椅的患者，就是使用步行器的老年人或行动不便使用拐杖的老年人也可以借助这种楼梯式升降梯前后移动。由于很多人对操作机械设备不太熟练，因而对机械设备采取了敬而远之的态度，而这些设备也就成为一种"人为的障碍"了。更多的人还是习惯于使用自动扶梯等非常熟悉的生活设备，或者使用垂直升降梯以避免上下台阶带来的不便。

· **建筑师自主设计的升降梯**

任何改建工程都存在着改变原有建筑风格的风险性。建筑师

采用防滑设计的楼梯　　　　　建筑师设计的阶梯升降机

在实施改建工程的设计方案时，考虑更多的是如何避免出现类似的情况。而且另经营者感到苦恼的是：只要在改建工程中增添了电梯等一类的设备，就会增加今后运营管理的成本。

不到万不得已的时候，建筑师一般不会考虑增添特别的设备。建筑师在实施改建工程的设计方案时，从确定颜色到选择材料，都尽可能地做到保留原有的建筑风格。沃勒特先生是一位追求无障碍化设计美学的建筑师，他在实现无障碍化思想的前提下，自己设计了独具特色的升降梯。众多的参观者在使用升降机的时候，就如同在使用游乐场内游乐器械一样。作为建筑师的沃勒特先生对参观者如此认可其主持的改建工程，心中充满了自豪感。

改建工程必须确保建筑物原有的建筑风格，而最新的路易斯安娜现代美术馆改建工程是由沃勒特先生的儿子主持的，毋庸置疑其必定能秉承沃勒特先生一贯的设计风格。建筑物和人的寿命不同，建筑师在实施改建设计时要将建筑主体结构的安全性放到最重要的位置上。尽管每个人对同一事物可能会有不同的解读，建筑师对同一建筑的改建工程也会有不同的设计方案。但是路易斯安娜现代美术馆的无障碍化改建工程，给人们留下了许多值得思考的东西。

6. 通过和有关人士相互沟通之后进行的设计

① 关于老龄人士租赁式住宅的设计

· 每户有 15m² 的公用空间

腓特烈斯贝（Frederiksberg）是座租赁式的老龄住宅（housing complex for senior citizens），是由丹麦经济界团体为其会员于 1992 年修建的一所集体住宅，现位于哥本哈根的郊外。塔甘特先生在哥本哈根郊外有一座独门独户的院落，但是其配偶已经离世、子女也都独立生活，塔甘特先生独自居住在面积很大的独门独户的院落中，平时的生活遇到了不少的困难，因此他希望能将现有的住宅进行调换，搬到位于城市中心的住宅居住。租赁式的老龄住宅就是解决塔甘特先生这样一类老年人所面临的生活困难，为老年人提供在城市中心居住的一种住宅项目。

该座老龄住宅建筑的使用面积[16] 为 2000m²，可以容纳 22 户居民入住，每户平均的使用面积为 85m²。在该建筑刚刚竣工交付的时候，希望到此入住的老龄人士不是很多，以致促销人员的工作非常辛苦。房屋的租金是 800 丹麦克朗／（m²·年），由于 1 丹麦克朗相当于 14 日元，所以 85m² 的住宅每月的租金相当于 8 万日

☆（16）使用面积
使用面积是工程中各层地面面积的合计总数。计算由立柱和墙壁所围成的空间面积大小。

元，和周围的住宅相比该座老龄住宅的租金价格并不是很高，而且为老年人提供了位于市中心的居住场所。尽管每户租赁的面积平均为 85m² 的面积，但是每户可以利用的私人专用的空间面积达到了 70m²。建筑师为这座集体住宅设计了较为充裕的公用空间。通过走访调查得知，居住在这里的老龄人士认为："住宅所处的周边环境不错，只是房屋的面积小了一些。"丹麦的建筑师彼得·丢尔德·莫德森（Peter Duelund Mortensen）先生认为这座建筑为每户提供的使用面积和独门独户的小楼相比并不显得狭窄。由于入住其中的人士受到了年龄必须超过 60 岁的限制，而没有子女的入住者年龄也必须超过 40 岁，因此这些人员在居室内活动的时间可能会更多一些。很多瑞典的专家都慕名来此参观，并且非常赞赏这座老龄住宅的设计理念。北欧地区老龄人士的集体住宅究竟是怎样的一种状况，作者计划在另一部专著中给读者作详细的介绍。

- **多样的公用空间**

每位入住者在所承租的 85m² 的使用面积之中都包括了约 15m² 的公用空间。这座老龄住宅的公用空间形式多样，一层设有一个可以容纳 60 人同时就餐的餐厅，该餐厅同时可以兼作活动中心，建筑物的顶层设有室内游泳池、客房，在楼梯间的旁边还建有图书馆和休息厅，这座建筑就如同浓缩的迷你型高级饭店。在

☆（17）**可以相互沟通的住宅**
这座集体住宅每个建筑单元都具有各自的私密空间，拥有独立的厨房、浴室、卫生间和卧室。集体住宅还设有公共的食堂、厨房、客厅等公用活动空间。在阪神·淡路大地震之后，在神户建立的被称为"真野"的可以相互沟通的住宅，也是首次在日本建设这种模式的集体住宅建筑。居住在这座建筑内的居民共有 29 户，其中 21 户是老龄人士。整座建筑设置了公用食堂、厨房、食品库、多功能室等多种公用活动空间。

相互沟通的集体住宅

公用的食堂

公用的平台

公用的室内游泳池（位于建筑物的顶层）

活动中心人们可以举行各种各样的活动。有人认为日本部分老龄住宅中之所以不设置专门的公用活动空间，其理由之一是不太受大家的欢迎，但实际情况并非如此。位于日本神户被称为"可以相互沟通的住宅☆(17)"的集体公寓内，老人们只有付了租金才能使用公用的活动空间，而付租金来使用的人数确实有限。入住在老龄公寓内老龄人士非常多，尽管他们也希望有一个可以相互进行交流的活动空间，但是却不愿意另付租金去租用公用的活动空间。日本应当正视老人们的这种需求，建设适合其活动的空间。

- **"通用建筑的平面布局"**

采用供给手法进行"通用建筑的平面布局"，是建筑师进行建筑设计的一种方法。建筑师根据每个人的不同需求制定总体的设计方案，就如同设计 S 住宅☆(18)方案时所采用的设计方法。由于日本的法律法规限制，以及建设的高成本和满足不同客户需求的意识不足，一般很难实现上述的设计手法，不能满足客户对自由设计☆(19)的住宅和适应性住宅☆(20)的需要。近期由于日本引入了定期土地使用权的概念，有望改变目前拆分市场的低迷状态。人们期待着能满足客户不同需求的住宅建筑早日出现。

下面给读者介绍的是在丹麦被称为"通用建筑的平面布局"，的一种新供给方法。在对一所于 1940 年竣工的公寓进行翻新改建

☆(18) S 住宅

所谓"S"，就是借用英语"骨架（skeleton）"的第一个字母，来表示进行集体住宅建设的一种新方法。所谓骨架是指立柱、横梁、楼板等类似的框架构造，其内部装饰是指对卫生间、厨房等内部空间进行的装饰。在出售住宅的时候将完工的框架结构（类似毛坯房）和内部装饰分开销售，客户在购买了住宅的框架结构之后，可以根据自己的生活喜好自由地决定内部的装饰布局，使购房者具有很高的自主决定室内房间格局的权利。

☆(19) 自由设计

类似于 S 住宅，集体住宅将房屋的基本框架和内部装饰区分开来，基本框架属于公共性和永久性的高社会资本，而内部装饰则可以看成是私有的财产。京都大学的一所研究所率先提出了"两阶段供给方式"的思想，并且于 1986 年在"光之丘"的租赁住宅中（位于东京都练马区）付诸实施。尽管是属于租赁式的住宅，使用者在保证对基本的框架结构不进行任何改变的前提下，可以根据个人的喜好，自由设计房屋内的装饰布局。

的过程中，建筑师在保留旧建筑基础框架的基础上，对房屋的室内布局进行了重新设计，但是其设计的结果并不能得到多数用户的认可。随后建筑师采用了供给式的改建方案，既保留原有建筑的基本框架，再根据入住者的不同需求设计不同的平面格局，而且室内所放置的设备也按照入住者的要求采买和安装。到工程竣工的时候，一切设备也调试完成。建筑师设计了低成本的整体厨房和其他设施，入住者在入住之后基本不需要任何改装，完全可以按照竣工交付时的状态开始自己的新生活。

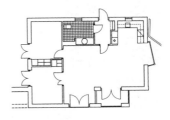

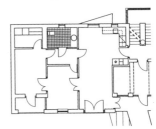

3 种不同格局的平面布局图

整体厨房

☆（20）适应性住宅
由父母和子女组成的 4 人家庭逐渐向只有老龄夫妇的 2 人家庭转变，适应性住宅的建设考虑到不同时期的家庭成员的变化。通过内部房间的隔断变化，可以使室内的空间格局发生改变，内部的家具和设施也可以进行适当性的调整。

起居室

走廊

可以公用的阳台

专栏 6

基准和手册

普通的建筑师一般应遵循什么样的准则开展无障碍化设计工作呢？最初日本在进行面向老龄人士和残疾人士的无障碍化设施设计的时候，主要将来自海外的文献资料作为设计方案的参照基准。但是由于当时世界上还没有统一的设计标准，有的是以厘米或毫米标注的尺寸，而有的尺寸必须经过换算才能变成国际通用的标准尺寸。这些资料在不同的场合对同样的问题会有各种不同的解释，资料中所涉及的各种人体的身高尺寸、动作尺寸、器械尺寸和轮椅一类的设备尺寸同日本人的标准尺寸存在着很大的差异。为此日本成立了专门的研究小组，研讨包括各种数值在内的和设计相关的各种事项，作为建立统一标准的基础数据。研究小组制作完成了空间的标准样本，并且针对残疾人身体的实际情况提出在实施无障碍化设计时的各种关键问题和节点。东京大学生产技术研究所的池边阳教授在其进行的"实验住宅"研究项目中模拟和正常人一样的生活环境，进行了在不同假定条件下的各种近似实际的模型实验，以验证在各种实验条件下的不同结果。

今天由日本政府主导的各地方政府和各社会团体参与制定的无障碍化设计的基准和手册已经完成。尽管在开始执行的过程中，很多人还对其中的内容持怀疑的态度，但是在具体的实施过程中，绝大多数的人还是按照基准和手册中的各项规定进行设计。在设计的过程中，建筑师需要重新审视所设计的对象是否满足了普通人的生活条件。建筑师不能机械地照搬基准和手册上的各项规定，在实际的工作中允许建筑师根据实际的情况提出自己新的设想。人们期待着建筑师具有创意的新的建筑设计作品早日问世。

人们期待着以"通用建筑的平面布局"供给方式设计的集体住宅早日问世，这样的住宅能为实现个人价值观创造令人满意的生活方式。如果在集体住宅和生活社区中能实现个人的意志和价值观，住在这里的居民就会对这里的环境持较高的满意度。日本社会正在走向成熟，既要重视建设具有相同价值观的居民社区，又要对多样化的社会显示出应有的包容。对于不断变化的社会环境，各有关方面需要重新认识满足住户不同需求的住宅供应模式。

· 公用的阳台

这座集体住宅建筑中公用的阳台面积达到了 70m²。阳台上种植着人们所喜爱的各种植物，创造了一个近似室外的绿色环境。尽管相邻住户家的阳台彼此并不相通，但是为了便于和邻居之间的相互交流，也有的住户拆除了自家阳台上的隔断。毗邻德国的丹麦腓特烈西亚市最近修建了家庭中只有母子形式的集体住宅，根据各家各户居民的共同呼声，阳台上没有采用常见的隔断设计，而是为住户们创造了一个可以相互交流的公共空间。尽管居住在附近的居民也希望能有一个彼此沟通的公共空间，但是实际实施起来面临的困难会很多。期盼日本的建筑师在进行无障碍化设计的时候也能设计出便于居民交流的公用空间。

② 孩子们的游乐场

· 有利于沟通的游乐器械

丹麦的平斯特拉布中心是一个青少年研修中心，中心内设置了以"龙"为主题的木质野外游乐器械。孩子们必须在弯曲的坡道上闯过数道"难关"，才能到达龙头。乘坐轮椅的孩子们在这里可以和健康的孩子们一同尽情地玩耍。

使用轮椅的孩子很难依靠自己的力量顺利到达龙头，必须在别的孩子们的帮助下才能通过各道"难关"，最后到达终点。当身体残疾的孩子在滑滑梯的时候，身体健康的孩子会主动帮助乘坐轮椅的孩子实现自己的愿望。在中心的游玩过程中，孩子们学会了齐心协力帮助他人的作风。

在中心的道路上还设置了"吊桥"一类的障碍，孩子们在吊桥上面行走非常困难。尽管这种设施在某种程度上提高了游玩时的惊险和刺激性，但是设计师在设计时还是将安全性作为考虑的第一要素。设计师在设计时既要兼顾游乐性和安全性的平衡，还要重视开发残疾孩子们的运动能力，更要做到促进残疾孩子和健康孩子们之间的相互交流。设计师在设计方案的时候，既要做好前期的调研工作，又要经过多次的论证，还要不断地修改和完善

龙形的游乐设施（吊桥）

龙形的游乐设施（近景）

龙形的游乐设施（远景）

设计方案。通过"龙"的游乐设施，中心实现了残疾孩子和健全孩子在一起尽兴游玩的愿望。

·乘坐轮椅的患者也能参加烧烤一类的活动

用混凝土制作的烧烤平台不仅不会成为轮椅患者参加烧烤活动的障碍☆[21]，而且由于炭火的位置很高，还可以将其看成是一种游乐的道具。设置在平斯特拉布中心的烧烤平台，由于其高度高于普通的餐桌台面，因此炽热的烧烤台面不会接触到轮椅患者的腿部。一次可以有 60 人一同参加中心的烧烤活动，就连乘坐轮椅的孩子也可以在烧烤台上烤肉。中心设有通往水池的坡道，乘坐轮椅的患者可以沿着坡道直接接触到水池中的水，这种设计和前面给读者介绍的德罗宁根度假村通向大海的栈桥设计思想有异曲同工之处。正是基于共同的设计理念，中心通过一系列的游乐活动训练健全孩子养成自觉帮助残疾孩子的良好习惯，有助于身体健全的孩子在社会上也能形成自觉帮助残疾孩子的良好风气。

·和床一样的沙发

为了防止患有智障疾病的孩子在玩耍的时候发生受伤的情况，中心设置了特别样式的沙发。不仅普通的孩子就连患有智障疾病的孩子都非常容易兴奋，并且容易感情外露，患有智障疾病的孩子在口头和文字表述上呈现跳跃性的思维状态。为了避免其病情发作的时候被墙角或桌角碰伤，这些地方要实施特别的软包装。

☆（21）障碍

英文：handicap，翻译为对社会产生的不利影响。其含义为由于社会条件的局限性，使个人处于一种不利的状态中。残疾不仅是患者个人的事情，而是整个社会的责任。整个社会在无障碍化进程中不仅要消除设施中存在的各种障碍，更要消除各种制度和观念上存在的障碍。在英国通常用"handicap"来表示"障碍"，该词来源于求职不成的残疾人，手持礼帽进行乞讨，后引申为"障碍"。

可以举行烧烤活动的广场

乘坐轮椅可以进入的水池

为重度残疾孩子设置的可供其尽情玩耍的床式沙发

患有智障疾病的患儿应避免在中心的室外场所里游玩，特别是雨天严禁在前面所述的"龙"的设施上玩耍，而要为这些孩子另建游乐场所。这些孩子特别喜欢放置着沙发的活动场所，他们可以在沙发床上尽情地玩耍。

③ 和艺术家们同心协力

·浴室内的艺术创作

姆斯霍尔姆·贝·费里中心给人留下深刻印象的是高耸的塔楼和浴室的顶窗设计。在中心竣工之初，其内部的墙壁全部装饰成雪白色，给人一种有煞风景的印象。最近一位艺术家将其内部改造成充满艺术气息的建筑空间。和身体健全的人士相比，残疾人士在浴室（卫生间）里滞留的时间会相应地更长一些。因此浴室成为其非常重要的建筑空间。艺术家在无障碍化设计的基础上，充分地发挥了其创造力，在雪白的墙壁上进行艺术创作，将浴室空间营造成快乐轻松的空间环境。

丹麦的艺术财团为了培养年轻的艺术家，专门在特定的建筑中资助年轻人进行艺术创作。只要确定了可供年轻艺术家进行创作的建筑，艺术财团就给予充分的资金支持。整个资金的筹措运作均采用非营利组织（NPO）运营方式，同时丹麦的肌营养不良协会凭借自身丰富的经营管理能力给予支持与帮助。

位于姆斯霍尔姆·贝·费里中心内的塔楼

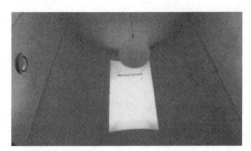

最初设置在塔楼内部的浴室

经过艺术装饰后的塔楼内部浴室（从大门进入后），
在白色塔楼的内壁上粘贴着色彩鲜艳的墙砖，使浴
室成为了充满艺术气息的建筑空间。

专栏 7

特别艺术委员会（英国）

英国的特别艺术委员会（Arts Council）是以振兴现代艺术为宗旨的非营利组织（registered charity）。该组织为艺术家们组织和举办各种各样的文化艺术活动，其目的一是提高艺术家艺术创作的水平，二是促进艺术思想的相互交流，三是促进艺术家之间的相互协作。

1995 年该委员会编制的预算资金数目很大，其中约有 298 亿日元来自于政府的资助，另有 400 亿日元来自各种投资收益。在重新修订的未来 5 年的预算中，75% 的资金继续资助现有的各个专门艺术团体，25% 的资金用于资助新成立的各种艺术团体。各个艺术领域都设有专门的委员会，各类专家和艺术家作为委员会的成员共同审议各种需要资助的项目。由于预算的大部分资金都用于资助振兴现代艺术，因此各位委员皆不领取特别的报酬，而专职的工作人员的薪金也不是很高。

委员会最终确定资助的艺术和文化团体，都要和委员会签订专门的资助协定（funding agreement）。在协定中明文规定被资助的团体必须雇佣残疾人士作为专门的工作人员，被资助的团体所举行的各种活动必须有利于残疾人士参加，被资助的团体不能在制度上有针对残疾人士的各种"障碍"。

从振兴艺术文化的视角出发，委员会一是对艺术家给予必要的支持，二是为培养艺术家提供必要的资助，三是为普及市民的艺术欣赏水平提供必要的帮助。委员会特别关注具有艺术潜力的残疾人士，希望早日将其培养成艺术家。委员会特别重视如何使残疾人士受到良好的艺术教育，如何使残疾人士从艺术鉴赏当中寻找到快乐。

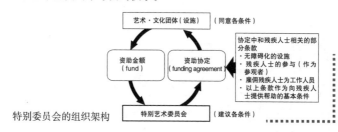

特别委员会的组织架构

· **年轻艺术家的展示空间**

建筑师通过和艺术家的相互协作，共同完成了德罗宁根度假村的整个工程。在度假村的厨房和活动中心等公共设施内，到处可以看到用各种可视艺术和纺织艺术装饰的艺术作品。在德罗宁根度假村展示的艺术作品目录当中，还收录有各相关艺术家的相片。这里是孕育艺术家的地方，为艺术家提供了展现自身艺术的舞台，并创造了让社会公众认可其艺术创作的机会。不可否认的是丹麦的残疾人士福利设施，和社会生活联系紧密，并已成为现代社会不可缺少的重要要素。如何在残疾人士福利设施中展示社会满意的艺术作品，需要年轻的艺术家们不断提高自身的创作水平。福利事业不仅是福利机构需要考虑的问题，而且需要全社会多方的共同努力。从姆斯霍尔姆·贝·费里中心到德罗宁根度假村，都是在文化部门的鼎力支持之下，艺术家们才完成的各项作品的艺术创作。

· **可以产生浮雕效果的特殊纸张**

本书第 36 页给读者介绍的福尔桑格中心的"回声设计"，为读者展现了建筑师非凡的创意，并且将此创意最终付诸实施。布拉埃·帕特纳设计公司非常注重和用户之间的交流，是丹麦有代表性的重视和客户对话沟通的设计公司，在各方共同协作之下完成了多项堪称经典的设计范例。

专栏 8

残疾人士的活动场所（丹麦）

在丹麦北部的奥尔堡市有一所被称为贝莱斯特（Varestedet）的特别服务中心，为智障患者提供专门的服务。这所中心拥有为智障患者提供职业训练的各种设施，智障患者作为"劳动者"从早到晚可以在此工作。但也有部分患者对现有的职业训练设施并不满意，重新回到自己的家中。"想使自己的生活方式变得更好"，这是每个人非常自然的想法。

这所服务中心经过专门的无障碍化设施改建，并于 1990 年开始向公众开放。按照当时的规定该设施只能为残疾患者提供职业训练服务，不得兼作其他的用途。因此从事福利事业的专门人士对此反对意见很大，设施在运转过程中也曾遇到很大的困难。

目前该设施可以看成是不同俱乐部的活动场所。设施内设有不同的兴趣小组，每个小组的成员为 8～10 人。有为自助餐厅准备菜肴的膳食小组，有乐于演出的戏剧小组，有音乐小组，有年轻人沙龙的青年小组，还有老年人小组和保龄球爱好者小组等十多个不同的兴趣小组。从地方政府的预算中专门出资雇用两位专职的工作人员。自助餐厅命名为"住所"，每天的营业时间为 10：00-22：00，餐厅已成为人们进行社会活动的场所。

白天残疾人士在特别服务中心工作，其他的时间全部为自由支配，他们可以在这里尽情地享受生活。智障患者可以自由地使用中心的各种设施，不需要进行专门的登记。各小组的活动内容原则上由"自己决定"。各小组的成员在日常生活中能够相互帮助，人们期望着这种相互帮助的做法能够长久地延续下去。

现在特别服务中心在职业训练中引入了很多有趣的娱乐活动，职业训练设施在为残疾人士提供服务等方面今后必将会发挥更大的作用。

如果服务的对象是视觉障碍患者协会的话，那么没有必要采用华丽包装的策划书，而应当采用一种不同于常规样式的策划书。例如采用能产生浮雕效果的特殊纸张，这种纸张凡是用钢笔书写过的地方，纸面就会如浮雕一样向上凸起。策划书的图面要尽可能的简化，这种凹凸不平的特殊纸张实际就是和视觉障碍患者进行沟通的特别媒介，和具有回声效果的塔楼一样具有特别的沟通效果。

按照丹麦的地方风俗，如果项目没有获得相关人员的一致认可，工程可能延后进行。在此期间各方都进行各种游说，以期能取得共识。

现在立体的复制设备已经问世，使用特别的复印专用纸可以让原纸面上的文字、绘画、图表、地图等如浮雕一样瞬时地向上凸起。这种专用的立体复印纸中含有特别的粒子，这种粒子在受热的情况下体积可以增大，从而实现"浮雕"的效果。日本生产的具有立体效果的复印机在世界上受到了广泛的好评，并且已经成为和视觉障碍患者进行沟通的有效工具。

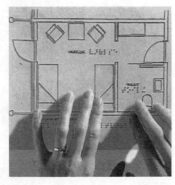

这是一种特殊的纸张，凡是用钢笔书写过的地方，就有像浮雕一样向上凸起的效果。

7. 和环境共存的设计方式

① 和外部空间联系紧密的设计

路易斯安娜现代美术馆[22]选址位置极佳，美术馆毗邻丹麦的厄勒海峡，在天气晴好时可以看到对岸瑞典的马尔默市。建筑师沃勒特先生巧妙地借用周围的环境，设计出了别具特色的路易斯安娜现代美术馆。

· **内部空间和外部空间的相互关系**

从路易斯安娜现代美术馆的平面设计图中可以看到，建筑师沃勒特先生面临的最大问题是如何处理好其内部空间和外部环境的相互关系（interaction）。

解决这个难题的一种方法是在美术馆的展示空间和外部庭院之间设计多个连接出入口。人们无论从哪个封闭的展厅都可以步入到外面的庭院，庭院中种植着多种绿色的植物，人们站在庭院中可以眺望远处宽阔的大海，置身在自然的环境中，心情也会随之变得格外舒畅。在美术馆的平台上，人们可以一边远眺厄勒海峡，一边品尝啤酒。孩子们可以在借用斜面地形修建的滑道上尽情地玩耍，诗人们可以躺在草坪上吟诗作赋。人们在观赏美术馆展出的艺术作品

☆（22）路易斯安娜现代美术馆
路易斯安娜现代美术馆的地址和网址
（http://www.louisiana.dk/dansk）

路易斯安娜现代美术馆的鸟瞰图

路易斯安娜现代美术馆开放式的走廊设计

的同时，尽情地欣赏周围壮观的自然景致。这也是为什么每年有高达 50 万人到路易斯安娜现代美术馆进行参观的原因。

· **尽可能地消除外部环境和内部空间存在的地面高度差**

美术馆建筑物内部的地面和外部的地面存在着一定的高度差。如果没有这种高度差，人们可以轻松地从展厅步入到室外。室内外地面差哪怕只有几公分，只要采用无障碍化设计的方法，就可以消除。残疾人士如果身处郊外遇到了这种高度差，必然会寻求同伴或护理人员的帮助。而使用电动轮椅的患者，完全可以不需要别人的帮助，自己就能克服高度差的障碍。

在日本，如果实施无障碍化设计，就要消除 2cm 以上的高度差，因为仅仅 2cm 的高度差也会给轮椅患者的出行带来麻烦。特别是作为公共设施的美术馆，如果不进行无障碍化的改建，就会受到来自残疾人士等相关团体的指责。对公用设施实施无障碍化改建，则可以避免来自相关团体的非难。为了获得相关福利团体满意的评价，尽管只是对公用设施实施必要的无障碍化改建，但也会受到来自于其他团体所谓"无障碍化设施过剩"的评价。目前很少有经过改建的无障碍化建筑能受到各方的公正评价。如果某建筑物被评为无障碍化设施过剩，那么对建筑师而言，该建筑物就如同毫无价值的设计，建筑师也会从心中感觉受到了伤害而产生某种"残疾"的感觉。

② 沿着地形的走势进行设计

· **依照起伏的地形走势和树木的分布进行平面规划**

路易斯安娜现代美术馆一直处于不断进行扩建和改造的工程

路易斯安娜现代美术馆开放式的走廊设计

巧妙地借用斜面地
势修建的滑道

巧妙地借用斜面地势修建的滑道

位于路易斯安娜现代美术馆地下通道内的陈列画廊

美术馆的室外草坪

美术馆毗邻大海的外部空间

之中，不断增建的展厅就如同增殖细胞一样在不停地进行分裂扩张。虽然看似美术馆没有远景的规划，但是每次的改建工程都完全遵循地形的走势和自然的状态。例如美术馆给人留下深刻印象的是其蜿蜒曲折的回廊设计，依照树木的自然分布确定回廊的走向，和传统的日本庭院设计手法☆(23)有着惊人的相同之处。这样一种设计形式其特点是巧妙地借用自然的景观，充分发挥各建筑要素的功能。

这样的设计结果使得到访路易斯安娜现代美术馆的观众感受到了各种不同的空间体验。人们透过展厅的窗户可以看到室外曲折蜿蜒的回廊，登上台阶进入展厅展现在观众面前的是如同由连续画面☆(24)构成的画廊，由玻璃围成的开放式的画廊和地下通道的画廊代表着现代和古典两种完全迥异的建筑设计风格。

特拉布霍尔美术馆是由建筑师本特·奥德（Bente Aude）先生和伯埃·伦哥德（Boje Lundgaad）先生共同设计完成的，他们二人的方案是以设计比赛的方式☆(25)从162件应征作品中脱颖而出的。他们方案被选中的一个重要理由就是其"具有动感效果的围墙"设计。

"具有动感效果的围墙"是一堵特殊造型的白色围墙，从美术馆大门的入口处就可以看到雁形排列的白色围墙。围墙构成了美

☆（23）日本庭院设计手法

日本通过独特的庭院设计达到再现自然的景观效果。例如通过设置水池以模拟湖泊的景观效果，以石堆山造景以展现高山的景致，以一棵棵树木营造近似大自然的绿色环境。日本这种象征性景观的庭院建筑风格完全不同于欧洲庭院的风格。日本庭院的建筑种类可以分为寝殿造式庭院（平安时代）、净土式庭院（平安中期之后）、枯山水式庭院（室町时代）、茶庭式庭院（从室町时代的晚期到桃山时代）、回游式庭院（江户时代）等。

☆（24）连续画面

英文：sequence，其本意为按顺序并具有连续性，是景观设计的专用术语。即随着视线的移动，原先看不到的景观画面逐一展现在观众的面前。例如，随着车子的移动，住宅小区绿色的景观不断地发生变化，形成了由连续画面构成的别具特色的街区。

☆（25）设计比赛的方式

是挑选建筑物设计者的一种遴选方式。设计者通过书面或答辩等方式，经过多轮淘汰，从中脱颖而出。

从外部看到的特拉布霍尔美术馆

从美术馆大门的入口处看到的有动感效果的围墙

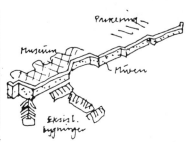

具有动感效果围墙的素描图

特拉布霍尔美术馆的内部走廊

特拉布霍尔美术馆的内部构造

术馆展示画廊中的一部分，沿着围墙可以通向美术馆尽头的咖啡屋。所有参观美术馆的客人都会被高达 3m 的特殊造型的白色围墙所吸引，迫切想探求隐藏在白墙背后的秘密。美术馆建在毗邻湖边的斜坡之上，美术馆的正面被"具有动感效果的围墙"所遮住，使人们看不到美术馆内部的"真实面目"。但是只要进入到美术馆的各个展厅，都可以透过展厅的窗户远眺外面的湖光景色。在强烈的空间对比下，更突显展示大厅给人以开放的空间感觉。

特拉布霍尔美术馆的另一个主要特点是其特殊的立体构成。美术馆建在毗邻湖边的斜坡空地之上，随着地面高度的变化，各展厅的地面高度也随之发生变化。不同的展厅被分成不同的建筑单元，通过坡道式的画廊将不同地面高度的展厅连接在一起。各个展厅的顶棚均很高，使得其空间显得更为宽阔。位于美术馆最深处的咖啡屋和餐厅顶棚高度超过了 5m，透过安装在地面和顶棚之间的大型玻璃落地窗，看到的湖光美景宛如一幅壮观的艺术绘画作品。"具有动感效果的围墙"好似大树的树干，而各个不同的展厅则如同伸出树干的枝叶，树干将不同的枝叶连接在一起。

整座美术馆的空间建筑是沿着斜面的地形走势建造的，又毗邻湖岸，给人以质朴而庄重的印象。不论是谁，只要回忆起童年时代参观这座建在斜面地形上的特拉布霍尔美术馆的情景，仍会

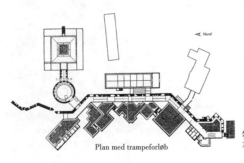

Plan med trampeforløb

特拉布霍尔美术馆的平面布局图

萌生出当年参观时的激动和兴奋的感觉。

③ 美术馆的建筑和周边的环境融为一体

在本书的第 117 页给读者介绍了位于哥本哈根市中心的面向老龄人士的社区式的租赁住宅，由于其周边多是红砖砌筑的旧式住宅区，选址的特殊性决定了这座面向老龄人士的集体住宅的建筑风格要和周边街区的环境相适应。

建筑师伯利希先生实现了该座建筑的风貌和周边区域景观的有机融合（urban integration）。建筑师并不是一味地追求该建筑和周围区域保持同样的建筑风格，只是在建筑物的正面采用了和周边街区一样的红砖砌筑的风格，而该座建筑物的样式则充满了现代的色彩。该座建筑夸张的大圆弧形的屋顶造型是其主要的建筑标志，吸引着过往行人的目光。哥本哈根城市的住宅大多采用红砖砌筑的直面构造，这样的建筑风格尽管给人一种统一协调的美感，但是也会给人造成建筑风格过于单调的印象。这座老龄人士的集体住宅中的曲面造型，为周围的建筑景观增添了柔和的空间要素，也使之成为整个街区新的建筑景观。

日本付费型的老年公寓☆(26)和银色的住宅建筑☆(27)都是面向老龄人士的集体住宅。但是这些住宅的选址远离普通居民的集体

☆（26）付费型的老年公寓
是作为商品提供给老年人的一种居住环境，居住在老年公寓内的人们可以享受到和日常生活相关的各种必要的服务。民间的企业或事业组织和希望入住在老年公寓的人们事先签订合同，老年公寓除了可以提供做饭、扫除、洗衣等各项服务外，还设有相关的俱乐部和文化中心供老人们开展各种兴趣活动。如果该设施不属于公立的老龄福利设施，那么入住者就要承担全部的入住费用。

☆（27）银色的住宅建筑
这是自 1987 年以来，由日本原建设省和原厚生省提供的面向老龄人士的一种公共租赁住宅，这种住宅采用无障碍化设计的方式，内部的工作人员可以为入住的老龄人士提供各种服务。工作人员也被称为："生活援助员（LSA）"，即（Life Support Adviser），主要为老龄人士提供生活指导、交谈等必要的帮助。该设施主要面向 60 岁以上可以自立生活的老年夫妇或单身老人，其内部设备和付费型的老年公寓的差别很小。但是由于其他的特别服务需要另行付费，因而入住者产生了不少怨言。

住宅，而且在建筑设计上也没有什么特别之处，具有示范效果的建筑少之又少。由于老龄人士也是所在社区的成员之一，因此和居住在其他住宅的普通居民具有相同的生活需求，而有特殊需求的老龄人士并不是很多。如果对老龄人士居住的集体住宅从设计上就加以"特别的标注"，有可能在人们的心理上产生某种障碍，也会和周围街区的环境不协调。在设计和建设面向残疾人士的福利设施时，也会遇到同样的问题。

④ 尊重周围场所的环境

· 绿化屋顶

丹麦政府已经明确到 2030 年其风力发电量要达到全国所需电量的 1/3，要把丹麦建成为一个环保型的国家。尽管丹麦目前还没有禁止建立核电站，但是出于对保护环境的考虑，今后丹麦的核电建设不可避免地会受到制约。由于保护环境已经成为丹麦的基本国策，因此各项建筑工程也必须考虑对各种环境因素可能造成的影响。本书不同于其他的书籍选择在日本已经广为人知的建筑案例，而是为读者介绍由作者本人亲自在丹麦收集的各种无障碍化建筑案例，并且从中选择和保护环境紧密相关的并具有示范意义的无障碍化设计案例。

例如由丹麦肌营养不良协会主持修建的姆斯霍尔姆·贝·费

新旧街区相互和谐的空间环境

姆斯霍尔姆·贝·费里中心绿化后的屋顶

姆斯霍尔姆·贝·费里中心的远景

专栏9

残疾人士的福利公寓"棉花之家"(日本)

位于奈良的"棉花之家"是所接收了15位身体残疾人士入住的福利公寓,在这里实现了残疾人士"想要自己有个家"的梦想。建筑师三井田先生在设计这所公寓之初就曾和这15位人士举行过座谈,了解他们每个人的具体想法。残疾人士分别提出了"不希望公寓出现类似医院的环境"、"希望能实现和普通人一样的生活环境"、"不希望看到护理人员的房间"和"不希望出现门槛"等各种建议。三井田先生认为设计成功的关键是能否实现残疾人生活自立的理想,这所供残疾人士居住的集体住宅建筑中,每个人都有自己的独立居室。由于入住的残疾人士很多人是从幼年时期就在学校里一起学习的伙伴,因而也会产生一种彼此难舍的感情。

建筑师在设计时非常注意"棉花之家"各建筑单元的私密性,15套居室有着不一样的平面布局。在设计之初,建筑师非常重视内部的空间构成和细部的设计,并和残疾人士本人及其双亲进行过多次的沟通,平均和每个人开过10次以上的协调会,并且在和单元面积相同的地面上因有关各方共同确定房屋的内部格局,确认厨房和卫生间的最终位置。

通过多次的相互交流和沟通,明确了残疾人士的具体需求。例如:残疾人士希望一般的扶手"不要过细以便于能握住",而且为了方便使用者借助扶手支撑起上肢,最好选择稍粗一些的扶手。为了"护理人员有足够的活动空间",卫生间的面积应当宽敞一些。为了方便残疾人士在使用坐便器的时候,可以借助墙壁支撑自己的身体,因此可以选择安装狭窄型的坐便器。由于很多残疾人士不能熟练地使用电动轮椅,因而在大多数的情况下,为了避免撞墙造成伤害而使用手动轮椅,卫生间洗手池台面的高度也应当和手动轮椅的规格相匹配。由于残疾人士每个人的需求情况存在着很大的差异,因此如何在公共空间内完成令各方都满意的无障碍化设计方案,对建筑师而言是件非常困难的事情。为了确保房间的私密性,满足各方面的需求,设计师和使用者之间的沟通是不可缺少的重要工作环节。

尽管事先筹划得非常周密，但是在实施的过程中还是遇到了来自多方的以"平等"和"福利"为题的反对意见，这中间或许还存在着一些误解。这座建筑的 15 套居室单元的设计方案建立在为居住者创造良好生活环境的基础之上，并以此进行平面规划。而建筑物的地面和壁纸材料也是根据当事人选择的样本材料来确定的，因此完全满足当事人的多种需求。根据 1 年后对入住者进行的调查结果可以得知，所有的入住者都对"自己的家"非常满意。居住在这样一个令人感到轻松的生活环境之中，无论是谁都会感到非常的高兴，也不必担心再会遇到什么伤害。就如同在外面租房的大学生一样，有了一个由个人主宰的空间感到万分的快乐。在这样的建筑中实现了残疾人士有一个家的愿望，这也使居住者和建筑师都感到无限的满足。这座建筑难道不是福利型公寓的典型代表吗？

棉花之家

所在地：奈良市六条西 3-25-4
地域地区：第一种中高层居住专用地域
用途：身体残疾人士的福利公寓
构造规模：钢混结构，地上 2 层·地下 1 层
建筑用地：5159.54m²
占地面积：500.26m²
建筑面积：966.24m²

建设方：社会福利法人——WATABOUSHI 协会
设计·监理：三井田建筑事务所、松本正巳建筑事务所
结构：立石构造设计
设备：坂田设备设计事务所，田中电研
施工：山上组

里中心就是一所典型的保护生态环境的建筑设施。按照丹麦环境保护的相关规定，在中心各建筑物的屋顶实施了绿化设计工程。凡是靠近海岸的建筑物屋顶上以及和海岸相连的斜坡上的麦田里，都种植有草坪。从大海中眺望中心的各建筑群，用喜马拉雅杉木建成的外墙和建在斜坡上的麦田融合在一起。由于需要在建筑物的屋顶铺设专门的水管，所以中心每年维护环境的成本花销比较高。尽管不需要工作人员花费太多的精力和体力，但是每天至少需要其打开阀门一次去浇水养护草坪。未来计划还要在中心建筑物的塔楼屋顶上铺设太阳能板。德国的斯图加特市为了防止出现都市热岛效应☆（28），积极倡导屋顶绿化工程。中心采取了屋顶绿化工程并将麦田作为绿地也是冀期望能产生同样的效果。

欧洲的肌营养不良协会联盟的会长埃巴尔德·科罗（Evald Krong）先生主张为了保护环境，不要过多地考虑和设备相关的各种因素。由于只有少数人才了解面向残疾人士的福利设施究竟在什么地方，为了让"残疾人不脱离社会并尽可能地参加各种社会活动"，因而很有必要让整个社会认识到福利设施存在的现实性。为了进一步引起社会的广泛关注，福利设施应当重视"与环境共生"的问题，提高福利设施的建设水准和管理水平，要以建设"高水准残疾人士的福利设施"为最高要求，谦虚地学习各方先进的经验。

从小麦田看到的姆斯霍尔姆·贝·费里中心的全景

☆（28）热岛效应
在都市的中心地区出现气温上升的现象。主要是由于机动车和建筑物放出热量，以及沥青柏油路面释放的热量导致城市中心地区的温度上升。

· **风之道**

为了保护生态环境，姆斯霍尔姆·贝·费里中心实施了屋顶绿化工程，并且依照着地形的走势进行各项建筑工程。如前所述，中心的各座建筑全部建在毗邻海岸的斜坡之上，随着斜坡的走势各建筑群错落有致地分布其上。屋顶如同被设计成斜坡的延长线，从海上吹拂过来的海风可以顺畅地穿过各建筑群。错落有致的建筑群为海风的流动形成了自然的通道。在德国，为了减轻由于城市化进程所造成的对都市气候的影响，在进行城市规划时需统筹规划各城区不同建筑物的形状，为风的流动留出所需的通道。这就是在建筑设计中的"风之道"概念。设计师在规划姆斯霍尔姆·贝·费里中心工程时，有很强的"风之道"的意识。中心这种优先考虑风向流动的做法，使所有来访者从心理上产生一种自然的亲切感。

⑤ 天然材料

· **纯天然材料制作的外墙**

建设姆斯霍尔姆·贝·费里中心的建筑材料是经过仔细挑选的。在工程的设计之初就已经确定中心的外墙墙壁不进行任何的涂饰，外墙的材料选用生长在加拿大的喜马拉雅杉木。在姆斯霍

姆斯霍尔姆·贝·费里中心用纯天然的木材制作的外墙

尔姆·贝·费里中心工程尚未施工的筹划阶段，肌营养不良协会就参与了中心的设计工作，协会的成员强烈要求选用喜马拉雅杉木作为中心的建筑材料的愿望，给设计师留下了非常深刻的印象。因为协会的成员今后将成为姆斯霍尔姆·贝·费里中心的顾客，因而非常关注中心建筑物的环保问题。协会的成员直接参与工程的设计，是姆斯霍尔姆·贝·费里中心成为高质量建筑工程的最根本的原因。

尽管并不能科学地证明所有的天然材料都会对人的健康产生良好的影响，但是中心倾听使用者呼声的做法，会使用户的心情变得十分舒畅。正是基于上述的原因，建筑师尽可能地从使用者的立场出发进行空间设计，在可能的情况下充分发挥天然材料所具有的各种使用功能。

· 选择有利于身体健康的材料

设计科灵城博物馆的建筑师埃库斯纳先生在其所主持的工程中，并不局限于选用天然材料作为建筑材料。在其主持设计的多项建筑中，多是选用砖瓦、灰泥、铁艺等非常简单的建筑材料，埃库斯纳先生将是否有利于人们的身体健康作为选用建筑材料的重要考虑因素。

专栏10

纽尼比库尔（日本）

英文：univehicle。它是由全体人（universa）和交通工具（vehicle）的英文单词合成造出来的词语。GK京都设计公司从实现社会大同的目的出发，创造了"纽尼比库尔"一词，其涵义为："为了实现残疾人能和健全人一样快乐生活的愿望，创造一个没有生活差别的大同社会。"（http://www.univehicle.net/）

具体地说，例如开发可供残疾人士在体育馆进行曲棍球比赛的新型体育用品，曲棍可以略大于冰球比赛的木棍，残疾人士可以借助双手和曲棍来驱动轮椅在地面上运动。特别是在举行残疾人奥运会冰上项目比赛的时候，可以选用普通的残疾人士和身体健全的孩子们进行比赛的彩排，通过彩排活动认真听取意见，以避免在未来的比赛中可能出现的各种问题。

为了避免残疾人的交通工具出现意外，目前大多是根据个人的不同情况对其交通工具进行专门的设计。但是未来生产的残疾人交通工具日趋标准化，生产的成本也会逐渐降低。今后不仅残疾人可以参加曲棍球比赛，而且还可以进行篮球、划艇、悬挂滑翔等多种活动，实现和健全人一样参加体育活动的梦想。

各设计公司应当直接参与残疾人所需各种设备的设计，其意义十分深远。通过设计工作，设计师可以直接了解残疾人士的不同需求，直接掌握各种设计条件，必定能设计出谁都想购买的、由无机材料制成的时尚机械产品。人们期待着这种符合残疾人特点的具有前瞻性的时尚产品早日问世，期待着其发挥更大更好的作用。

如果能让和残疾人没有直接关系的人士产生"这样的交通工具实在是太好了"的想法，就要设法让更多的人积极参与进来，共同协作完成产品的设计。这也是逐步实现产品标准化不可缺少的一项工作。

　　科灵城博物馆的废墟画廊内的木柱吸引着人们的目光，博物馆的墙壁和地面也用木材进行装饰，这些纯天然的木材让人从心理上产生一种安全感。在改建工程完成后的很长一段时间内，人们仍有一种身处新建的木质住宅中的感觉。而铁质的螺旋楼梯和走廊，其弯曲的铁器给人留下冰冷刺激的印象。如果在日常生活中接触到这样的铁器作品，可能会产生不爽的感觉。但是身处博物馆这样的环境之中，就不会产生日常生活中出现的那种心理感受。砖、瓦、石等有着悠久历史的建筑材料，可以让人们联想到大自然的土壤，感受到来自自然界的力量。建筑师选用天然的建筑材料，也是考虑到这些材料能对人们的心理和健康产生良好的刺激效果。尽管合成高分子材料不属于纯天然的材料，但是具有便于成型加工的特点，因而也是建筑师们考虑选用的重要建筑材料。

第三章
丹麦建筑师们的通用设计思想

1. 约翰内斯·埃克斯纳（Johannes· Exner）

在目前的大学教育中强化无障碍化思想的重要性

约翰内斯·埃克斯纳先生认为"建筑师实现无障碍化设计不是暂时性的工作，而是要将无障碍化的思想贯穿于工程设计的始终"。约翰内斯·埃克斯纳先生主持了科灵城博物馆的无障碍化改建工程，在对博物馆的无障碍化改建工程中，埃克斯纳先生尽可能多地保存一些原有的建筑遗存，并参考一些成功的案例，在整个改建工程的施工中，始终贯彻无障碍化的思想。和本书介绍的其他面向老龄人士和残疾人士的无障碍化设计案例相比，约翰内斯·埃克斯纳先生可以被看成是这一领域的先驱者。

约翰内斯·埃克斯纳先生于 1957 年哥本哈根建筑大学毕业。当年他的毕业设计课题是设计某所脊髓灰质炎[1]医疗设施的工程项目。他的设计方案受到了很高的评价，并且最终在具体的项目中付诸实施。这是他进行无障碍化设计的最初尝试，并且成为了这一领域的先驱者。在这所设施内，医生和护士往往是同一个人，并且要对残疾人士进行多项身体检查。采用无障碍化设计的方式，可以方便患者的各项活动。在设计之初，埃克斯纳先生尽可能地收集和设计有关的各种基础信息。1958 年该工程开始

☆（1）脊髓灰质炎
急性灰白髓炎，英文为 poliomye litis。也就是俗称的脊髓性小儿麻痹症。

施工，埃克斯纳先生收集了大量和轮椅患者相关的各种资料，并且成为了制定现行法律法规的重要参考依据。

现在，无障碍化设计课程已经成为丹麦各大学在建筑教育中不可缺少的重要内容。从1958年开始，无障碍化的概念也已经问世有数十年之久。如果学生的毕业设计涉及与无障碍化设施相关的内容，并经过专家讨论认为该方案实用可行，那么社会也会采用学生的设计方案。这也从另一角度说明，丹麦的大学享有相当高的社会地位。

· 能对感觉器官产生良好刺激效果的设计

本书已经为读者介绍了埃克斯纳先生设计的科灵城博物馆的结构，并且描述了3种不同形式走廊的横断面，这3种不同形式的走廊设计就是埃克斯纳先生希望能对参观者的感官产生良好的刺激效果。参观者通过感觉器官的变化（change feeling）引起心情的变化，通过心情的变化达到对残疾人士产生良好的刺激效果，并且期望能够唤起人们心中已经久违的感觉。"采用什么样的形状会更好？产生什么样的刺激才更有效呢？"正是在埃克斯纳先生的反复思考、精心推敲之下，才设计出这种具有创意的走廊，使其能对参观者产生良好的空间刺激效果。

埃克斯纳先生设计的主体建筑属于科灵城博物馆改建工程的重要部分。他尽可能多地保存古城原有的建筑结构，所有新建的工程都尽可能依托原有的建筑。所有参观博物馆的客人，凝视着这具有历史沧桑的古老建筑，不由得会从心中产生在和古人进行对话的感觉。通过文献和模型介绍的科灵城博物馆，都是经过二次加工过的信息资料。只有身临现场，参观者的内心才能被这传承着悠久历史的古老建筑所震撼，才能体会到设计师在古老建筑中孕育的深刻内涵。

在约翰内斯·埃克斯纳先生设计的其他建筑作品之中也能寻找到包含在其中的深刻主题，例如在他设计的教堂（Islev Church）建筑中，随着时光的流逝，透过缝隙照射在教堂内的太阳光线也会发生微妙的变化。虽然镶嵌在墙壁上的白色面板具有调整室内光线强度的作用，但是施工的工人却不能理解这种设计的真正内涵，于是埃克斯纳先生就充当了泥瓦工，埃克斯纳先生和其夫人一起亲自动手，每个休息日都在工地划线。为了使自己设计的建筑能达到最佳刺激感觉器官的良好效果，埃克斯纳先生想尽了各种方法。

在最初的设计阶段，埃克斯纳先生担心教堂的吊钟发出的声响会引起附近居民的反感，于是他在教堂建筑物的上部设计了高耸的"音筒"，钟声的音质也变得浑厚许多。通过这样的设计，使钟声的音色充满了魅力，以致附近的居民反而希望教堂钟声变得再响一些。埃克斯纳先生根据附近居民这种特殊的要求，在高耸的"音筒"上又开设了圆形小窗。这是良好的感官刺激效果能使人入迷的一个典型设计案例。

· **任何设计都要适应周围的环境**

很多人认为约翰内斯·埃克斯纳先生设计的作品"没有风格"。这是由于他在设计之初首先了解场地的周围环境，所设计的建筑基本上遵循所在地域的地形走势，建筑物外观和周围的环境相融合。正是遵循这样的基本原则，埃克斯纳先生设计的建筑才会引起那么多的非议。

下面为读者介绍根据周围环境的变化设计的案例——"牧师之家"。由于该座建筑被大树所环绕，因此在建筑物的屋顶结构中没有设计安装专门的导水管。大树的树叶完全将房屋的屋顶覆盖，设计师根据这种特殊的环境，没有考虑在屋顶实施绿化工程，也无需再设计安装导水管。从这个简单的案例可以提醒年轻的建筑师，要充分考虑建筑物的周边环境，因地制宜地提出设计方案，而不能机械地照搬别人的经验。

· **从细微之处选择建筑材料**

约翰内斯·埃克斯纳先生在设计时遵循的另一个原则就是选择有利于人们身体健康的建筑材料。尽管现在十分流行"生态建筑"和"环保建筑"一类的词语，但是埃克斯纳先生自从事工程设计开始，为了人们的身体健康，始终如一地选择砖、瓦、灰、泥和铁艺

☆（2）**房间灰尘**
英文为：housedust。其含义为积存在房间内的尘埃。是诱发特应性皮炎、过敏性皮炎、小儿哮喘症等过敏性疾病的重要原因。

等极为普通的建筑材料。埃克斯纳先生很少考虑在房间的地面铺上地毯，他认为这不仅会造成清扫的困难，也会使房间灰尘[*][(2)]积存过多，不利于人们的身体健康。现代建筑常用的各种合成高分子材料，目前也有不少争议。为了人们的身体健康，埃克斯纳先生建议还是尽可能地选用常规的建筑材料。

从安装在科灵城博物馆走廊的扶手，可以看出埃克斯纳先生十分重视细部的设计。安装的扶手高度比通常法规规定的标准要求要高很多，这样便于参观者握住扶手进行小憩。尽管整座走廊采用的是铁质的结构，但经常触摸的地方都采用了木质的装饰。在走廊距地面不高的地方，还另安装了一些低矮的扶手，很显然这些扶手是专门为孩子们设置的。埃克斯纳先生通过这些新颖的设计，在不知不觉中为人们再次诠释了其无障碍化设计的主题思想。

重视每一细部，认真选择建筑材料，是完成该项建筑工程的重要保证。埃克斯纳先生的设计，为我们揭示了每一细部的设计，寻找各种能刺激感觉器官产生良好刺激效果的方式。在创造"美"的过程之中，埃克斯纳先生不断完善着对"感官产生良好刺激效果"的设计方案。

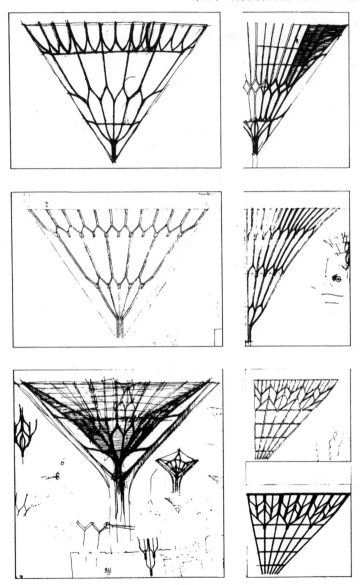

约翰内斯·埃克斯纳先生进行设计时所绘制的素描草图

2. 维希姆·沃勒特（Vilhelm·Wohlert）

非常重视和顾客之间进行交流的建筑师

建筑师维希姆·沃勒特先生在进行建筑工程设计的时候，非常重视和未来的顾客之间的相互交流，在其设计方案中十分突出建筑物的美感。在沃勒特先生主持设计路易斯安娜现代美术馆的时候，曾多次和未来的顾客库奴德·W·伊安森先生进行交流。通过多次的相互交谈，两人之间建立了彼此信赖的关系，伊安森先生的顾客身份反而被淡忘了。人们称赞沃勒特先生是"十分罕见的既具有商业大师才能又拥有艺术大师才华的建筑奇才"。

这种和顾客之间的信赖关系非一朝一夕所能建立起来的。沃勒特先生认为采取和顾客对话的做法是其"遵循的一贯设计原则"，在每次的工程设计中都要和顾客发生数起类似"战争般的对话"。正是沃勒特先生这种坚持不懈的设计方式，才使其设计出来的建筑得到人们广泛的认可。

路易斯安娜现代美术馆是沃勒特先生和帕特纳·伯（Jφrgen Bo）先生从 1957 开始，经过长达 30 多年的不断设计才建设完成的。路易斯安娜现代美术馆已经成为沃勒特先生毕生的事业，直至今日仍不断地在主持设计该美术馆的各项改建或新建工程。最近该美术馆决定新建"儿童乐园"的建筑项目，这项工程的设计改由沃勒特先生的儿子主持完成，这成为了由父子两代建筑师主持新建和改建同一建筑的佳话。由于儿子继承了父亲毕生的事业，沃勒特先生从心底感到了安慰。沃勒特先生认为尽管可以通过文字和语言将建筑师的设计思想记载下来，但是"建筑师设计思想的精髓后人是很难传承下去的"。无疑和其他设计师相比，沃勒特先生的儿子是继承其设计思想的最合适的人选。他能从路易斯安娜现代美术馆内部空间和外部空间的相互关系之中，更准确地把握其父亲在设计美术馆的时候所孕育的深刻思想内涵。

· **"雅各美迪"宫没有采用无障碍化设计**

沃勒特先生主持的路易斯安娜现代美术馆各项改建和新建工程，都是以实现无障碍化为工程的最终目标，从各项改建和新建的建筑工程中，能够体现其一贯的设计风格。

沃勒特先生始终如一地坚持无障碍化设计的思想，并且"从残疾人士的视角出发筹划无障碍化设计方案，考虑可能出现的各种问题"，因此未来可能出现的问题在进行方案设计时就有所预见，在施工时也会认真对待。

尽管在工程设计时，可以通过图上作业轻松地解决房间内使用轮椅所面临的各种障碍。但是在实际的工程施工中，则需要付出相当大的努力。沃勒特先生既要考虑采用低成本的坡道设计解决高度差的问题，又要采用安装高成本的电梯等特别设施来解决难题。究竟采用何种方法解决问题，这是对设计师智慧和经验的重大考验。路易斯安娜现代美术馆从 1981 年开始实施以无障碍化为目标的改建工程，通过当初的改建工程，几乎所有的房间都实现了无障碍化设计，唯有"雅各美迪"宫没有进行丝毫的无障碍化改造。

"雅各美迪"宫位于路易斯安娜现代美术馆的深处，靠近一个天然的水池。为了借用水池的景观，"雅各美迪"宫分成了上下两层。下层尽可能地靠近池子的水面，面向水池的房间墙面采用了大玻璃的立面结构。所有从其他房间进入到"雅各美迪"宫的参观者都可以站在下层看清水池的景致，或站在上层俯视"雅各美迪"宫内部的格局。参观者还可以走下台阶，从外面近距离接触"雅各美迪"宫。由于没有在"雅各美迪"宫设置电梯，所以轮椅患者很难通过 2400mm 高的台阶。

沃勒特先生解释有两个原因促使其未对"雅各美迪"宫实施无障碍化改造，一个是房间使用功能的原因，另一个是不能直接用语言来准确阐述其设计思想的原因。由于"雅各美迪"宫没有专门的外部小道和其相通，因此不同于其他的房间有外部空间相连的出入口。而设计的重点是如何使"雅各美迪"宫的俯视视野更为开阔、观赏的角度更佳，因而参观者也没有必要一定要走下

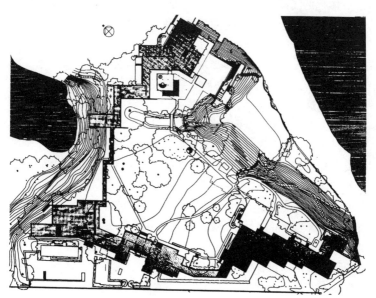

路易斯安娜现代美术馆的平面布局图

台阶去观赏户外的景致。沃勒特先生在设计时已经对在台阶上和台阶下的不同观赏角度进行了仔细地研究，认为轮椅患者位于上层观赏更能感受到"雅各美迪"宫的魅力。沃勒特先生坚持自己的设计思想，努力体现自己的设计风格，而不是盲目地去追求所谓一体化的无障碍设计。当有人询问"路易斯安娜现代美术馆最好的设计在哪里？"的时候，毫无疑问的回答是"当然是在'雅各美迪'宫了！"

· 寻找无障碍化设计和艺术性之间的平衡点

当作者向日本介绍路易斯安娜现代美术馆的时候，人们普遍地认为"这是一个突出自然景观的建筑设计"。但是这并不是对沃勒特先生设计水平的全面评价。为什么人们会产生这样的想法呢？主要是因为沃勒特先生在设计之初并没有将总体的建筑设计放在重要的地位，而是从始至终十分重视建筑设计中的每一个细小环节的设计。

沃勒特先生在其设计的建筑方案中，非常重视如何实施无障碍化的设计思想。路易斯安娜现代美术馆选址在郊外的主要原因，是希望美术馆不仅能让参观者在此能鉴赏到各种艺术作品，也能成为哥本哈根市民在假日里休憩的场所。但是在开馆之初，到此参观的人没有原先预想的多。由于参观者中老年人和残疾人占了

"雅各美迪"宫

绝大多数，沃勒特先生如何向社会推广其个人的建筑思想成为了难题。沃勒特先生在方案中采用了很多无障碍化的设计，并努力使这种设计具有艺术性。从到访此处的老龄人士面部愉快的表情可以看到，沃勒特先生的努力没有白费，他的设计体现了社会性和艺术性的完美结合。

从沃勒特先生的设计作品中可以看到其作为建筑师所坚持的一贯设计风格，及其中所蕴含的建筑价值。由于社会的变迁对无障碍化设计提出了新的设计要求，作为设计师应主动适应时代的变化，而不能一味地要求别人适应自己。从"雅各美迪"宫的建筑设计中，可以看到建筑师既坚持了自己的设计思想，又根据具体情况实施设计方案。如果从著名建筑师斯库拉布·安德·比尔德的视角出发，目前的日本在无障碍化设计中还存在着诸多的问题，有许多需要考虑并亟待解决的问题。

3. 彼得·丢尔德·莫德森（Peter Duelund Mortensen）

评价住宅好坏的三个指标

建筑师莫德森先生是研究银色住房建筑和老龄公寓方面的专

家。现在作者将莫德森先生的无障碍化设计思想和其主持设计的有关工程介绍给读者。

莫德森先生根据自己多年从事住宅建设的实践经验，认为可以用三个指标来评价住宅质量的优劣。

第一个是社区指标。即该集体住宅建筑能否形成一个独立的小型社区，这是衡量住宅质量优劣的重要指标。在老年人居住的集体住宅中，很多人过着单身生活，和现实社会的联系正在逐渐减弱。通过集体住宅所形成的社区，可以加强老龄人士之间的交流沟通。本书给读者介绍租赁式老年人集体住宅中的公共活动空间，就是为老年人活动和沟通所提供的场所。每套单元承租的面积为 85m^2，其中有 15m^2 被用来作为公共的活动空间。在该建筑的最顶层设置的游泳池和活动中心，就是为老年人参加各种活动进行相互交流提供的重要场所，发挥着一个小型社区的重要作用。日本已经步入老龄化社会，希望日本更多的老龄设施在老龄人的集体宿舍☆(3)中都建设类似丹麦这样大面积的公共活动空间。这种公共活动空间除了能满足居住者的一般要求之外，更应考虑如何使其具有日本特色。 在日本建立公共浴室、茶室要比设置游泳池、活动中心更能受到人们的欢迎。除了集体宿舍式的老年人住宅之外，社团式住宅☆(4)也是便于形成小型社区的一种住宅形式。目前日本各种相应的配套措施还很不完善，从事老年住宅设计的

☆（3）**集体宿舍**
英文为：collective house。即这种集体住宅中设有食堂、图书馆等公共的活动空间，是北欧地区一种比较普及的住宅形式。每个人和每个家庭在集体宿舍中即有私密性很好的生活空间，也有和邻居和睦相处的公共活动空间。在这样的生活环境中，人们平等相待、互相帮助。
☆（4）**社团式住宅**
英文为：corporative house。即希望自己建设自己住宅的人们，通过自由组合的方式结合在一起成立团体，以集体的方式获得土地的使用权，并采用集体招标的形式确定住宅的设计者和建设者。在住宅建成之后，各户不必要再投入时间和精力去装修房屋而直接可以入住开始新的生活，也不必支付买卖过程中发生的管理费用。

建筑师的报酬有限。出于社会责任感和热心老年公益事业，使得这些建筑师仍然坚持从事老龄住宅的设计工作。为了普及和促进老龄住宅事业的发展，政府应当发挥更大的作用并完善各种配套的措施。

第二个是生态指标。2030年丹麦的风力发电量预计要达到总发电量的1/3，这样的目标给建筑领域也带来了不小的影响。本书给读者介绍的姆斯霍尔姆·贝·费里中心的外墙墙壁，没有进行任何涂饰，而是直接采用木材装饰。这一事例表明采用这样的装饰手法，不仅是出于保护生态环境，而且也是为了保护使用者的身体健康。现在装修中产生的甲醛问题已经引起各方人士的广泛关注。

第三个指标是住宅质量（Housing Quality）。它包含着三个重要的要素，即：①灵活性；②城市一体化；③室内的装饰设计。第一个"灵活性"要素，是指住宅内部格局的可变性。随着居住者生活方式的改变及不同的生活阶段对住宅内部格局的不同要求，特别是租赁式的老年人住宅应具有灵活的室内布局的特点。第二个"城市一体化"要素，是指该建筑是否做到和周边区域的建筑功能性、景观性的融合。功能性融合是指周围的街区设施能否为生活在集体住宅中的人们提供生活上的便利，能否满足人们日常的生活需求。尽管功能性融合的概念看似非常简单，但是实践起来则困难重重。日本的很多街区目前尚未实现满足人们各种公共性需求的愿望。景观性融合是指租赁式老年人住宅的外观设计是否和周围街区的建筑风格相协调。第三个"室内装饰设计"要素和第一个"灵活性"要素有着紧密的联系。室内装饰设计方案要根据住户的要求不断进行调整，设计师要筹划包括家具布置在内的、完整的、令住户满意的设计方案。一般人不仅从外观更从室内设计角度来评价住宅质量的好坏。在日本很少看到北欧地区那种用两种不同的颜色分别涂饰室内和室外的窗框的做法，北欧地区的人们对待室内外空间有和日本人不一样的认识。从对"住宅质量"的理解上也可以看出日本人和北欧人也存在着不小的差异。

今后日本也应当以这三个指标作为评价现有住宅质量优劣的标准。丹麦的住宅评价指标体系，特别是针对老龄人士和残疾人士的住宅评价指标，日本完全可以直接用来当成评价住宅质量好坏的标准。

· 相互协作是行动的基本准则

丹麦新颁布的法规规定: 将不再建设任何形式的疗养院[*（5）]（服务型的福利设施）。是建设集中型的老龄福利设施效果好，还是采用居家养老型并由看护中心上门进行服务的效果好，目前还存在着很大的争议。从 20 世纪 80 年代中后期开始，越来越多的残疾人士采取居家生活的方式，这也产生了新的问题。残疾人士要想

☆（5）疗养院
英文为: nursing home。类似于日本的老年公寓。

在自己的家中实现生活上的自立，就要对所居住的住宅进行相应的无障碍化改造。丹麦并不使用"无障碍化设计"一词，而是采用"通用设计"的方式以满足残疾人士所提出的各种不同需求。

丹麦于1997年颁布了相关的无障碍化设计法规，近年来又制定了相关的无障碍化设计的标准。不仅是公用建筑，就是普通一般的民用建筑也要进行无障碍化设施的改造。而日本相关的无障碍化设计法规，主要是要求百货店和公众使用较多的公共建筑必须实施无障碍化设计。

由于丹麦所颁布的相关无障碍化设计法规，只是规范了建筑师建筑设计的行为，并没有限制建筑师创作设计的思路，建筑师和用户（老龄人士和残疾人士）之间相互协作，同样也可以设计出精湛的建筑作品。莫德森先生认为"相互协作是高效率完成工程项目的基本保证，应该将这一准则纳入到相应的法规之中"。过去政府制定的有关法规不易让人理解，现在制定的规章越来越受到相关团体和学者的关注和支持。奥斯特加德教授介绍的某所无障碍化中心在筹建之初，建筑师除了听取有关各方对中心的无障碍化建设提出的各种建议，还搜集与此相关的各种无障碍化设计的案例和相关项目的数据资料。莫德森先生就是建设该工程的项目数据库的重要成员之一。

· 教育的必要性

在丹麦各大学的很多专业中，都设置了和无障碍化相关的课程。如果某大学没有设置和无障碍化有关的课程，那是非常罕见的事情。莫德森先生在哥本哈根各大学宣讲实施无障碍化教育重要性的同时，也在参加的相关工程中亲身践行和无障碍化设计有关的工作。最近为了进一步宣传无障碍化设计的理念，莫德森先生正在筹划以无障碍化设计为主题的设计大赛（Access to Culture）。为了能在大赛中取得良好的成绩，很多学生将会进一步主动学习和无障碍化设计相关的各种知识。

· 无障碍化设计之所见

随后为读者介绍的"从无障碍化设计方案中产生新的设计思想"的论断，这一观点得到了建筑师奥斯特加德教授的大力推崇。尽管日本很多的工程项目都已经实施了无障碍化设计，但是通过汇集各种数据，还没有从中发现值得大力推广的成功范例。正因为如此，日本的建筑师还需要加倍努力，一定要设计出具有示范效果的无障碍化建筑工程。

作为建筑工程项目成功的必要条件，在项目开始的初期阶段就要针对无障碍化设计的主题反复进行研讨。例如邀请相关的残疾人福利团体对设计方案发表意见，认真听取有关各方的意见。

为了实现工程建筑"城市一体化"的目标，建筑师要走访所在建筑的街区，认真听取附近居民的看法。由于这样的工作流程，有时效率会很低，甚至在丹麦也会出现类似日本常见的各种错误现象，因此莫德森先生主张尽快实现工作流程的标准化，希望在不久的将来其愿望能得以实现。很多建筑师在听到相关的残疾人福利团体发表的"如果不更改设计，该建筑将不成体统"的意见时，往往会感到手足无措。莫德森先生主张在听取相关残疾人福利团体的意见时，建筑师要秉持建设性的方式，必要时也需以强硬的态度坚持自己的设计思想。

4. 保罗·奥斯特加德（Poul Østergaard）

便于人们使用的无障碍化设计手册

保罗·奥斯特加德先生是丹麦无障碍化设计领域里首屈一指的专家，他所主持编纂的无障碍化设计手册《Handicap, Architecture & Design》和 CD-ROM 已经出版（日文版，田中直人主译，三和综合研究所大阪总社编辑），并得到业内人士的广泛认同。

而本书的问世之际，恰逢丹麦的残疾人协会发表一份正式的

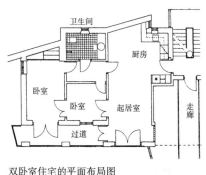

双卧室住宅的平面布局图

单卧室住宅的平面布局图

报告，这份报告汇集了残疾人对公用设施存在的诸多不满意见，其中涉及有关公用建筑物通道设计中的缺陷、饭店的平面布局不合理等诸多问题。残疾人协会在这份报告中指出，现有的公用设施只是从身体健全人的角度出发进行设计，根本没有考虑到残疾人身体的实际情况。这份报告也对建筑师和工业设计师的工作提出了中肯的意见，对有诸多设计问题的公用设施点名进行了严厉地批评。保罗·奥斯特加德先生所编纂的这部手册是在国家专项经费的支持下，由丹麦奥胡斯建筑大学花费 3 年时间在广泛调查的基础上撰写完成的。这部集大成的《无障碍化设计手册》自问世以来，一直受到业内人士的广泛关注。

作为建筑师需要从残疾人士的视角出发来考虑问题，但是建筑师是否真正了解残疾人士究竟在关心什么问题呢？目前建筑师所掌握的有关残疾人士的信息和资料还不是非常齐备。由于残疾人士有不同的残疾种类，每个人的生活方式也不尽相同，因而建筑师必须根据不同的情况采取相应的设计方法，而不能只采用单一的设计方式。这部设计手册针对不同的情况所采用相应的设计方法进行了归纳性的总结，因而其已成为建筑师在进行无障碍化设计时不可缺少的工具。建筑师以设计手册为基础，一定会完成具有自己风格的优秀设计方案。如何进一步激发建筑师和设计师

《无障碍化设计手册》一书的封面

的创造力，是摆在保罗·奥斯特加德先生面前新的课题。

在这部设计手册中详细总结了残疾人士日常生活的方式，特别描述了健全人不太关注的几个问题。为了准确叙述残疾人士平时的状况，在 35 位患有各种残疾的患者的帮助下，并且在专业医疗师的鼎力协助下，保罗·奥斯特加德先生在获得第一手资料的基础上，完成了这部手册的编纂。这部设计手册能够帮助建筑师和工业设计师了解残疾人士的生活状况，并能对具体的设计工作提供相应的帮助，对完成最终的设计方案具有十分重要的指导意义。这部设计手册还配有 CD–ROM（多媒体电子光盘），在解说和动画的演示之下，读者在阅读设计手册时不会存在太多的障碍。

· **残疾人士不理解高水准设计的内涵**

保罗·奥斯特加德先生的无障碍化设计思想的核心是坚持设计的艺术性。在设计和残疾人士相关的建筑、设备、器械的时候，保罗·奥斯特加德先生始终将设计的艺术性放在十分重要的位置上。

尽管保罗·奥斯特加德先生是无障碍化设计领域里中的权威人士，但并不是"无论何时何处都采用无障碍化设计"观点的支持者。不论什么样的建筑设计，都应当有相应的无障碍化设计方案。不必要求百分之百地都实现无障碍化设计，只要做到无障碍化设计和一般设计之间的相互平衡。例如在对具有历史价值的建筑实施无障碍化工程改造的时候，最先考虑的问题是如何保持原建筑所具有的历史性和艺术性。当无障碍化改建工程对上述两个要素产生影响的时候，设计师要保留原建筑设施存在的"障碍"，志愿者的服务可以为残疾人士消除原建筑中存在的这些"障碍"。

在丹麦，不仅是建筑师，还有其他各方人士都积极推进福利设施的建设，完善福利体系的各项工作。而在日本实现公用建筑设施的无障碍化、解决老龄人士和残疾人士的出行难题，则全部成为了建筑师和城市规划师必须承担的社会责任。在工程项目的筹划过程中，建筑师就要想到未来可能面临的社会问题。在工程的规划之初，建筑师就应采用无障碍化设计的方案，这样不仅可以减少后续的改建工程，在某种程度上还可以降低整个工程的成本。在城市化的进程中，建筑师既要考虑工程项目的经济效益，还要考虑其所产生的社会效益。保罗·奥斯特加德先生通过自身多年实践所积累的经验，一再告诫人们"没有必要实现百分之百的无障碍化设计"。

采用何种设计方式，才能实现艺术性的设计？过去曾有很多建筑师以残疾人士不理解其设计内涵为目标，进行无障碍化设施的设计，留下了很多低水平的设计案例。例如，为了应对残疾人士大小便失禁的现象，曾有设计师将安装在坐便器上不合格的塑料坐垫全部换成布制的坐垫。当然也有一些高水平的设计，遗憾的是在丹麦这样的案例实在太少。本书所选取的具有代表性的建筑并不多，介绍给读者具有艺术性的无障碍化设计案例也很少（本书所列举的事例，绝大多数是由保罗·奥斯特加德教授所推荐的）。保罗·奥斯特加德先生期望能通过举办无障碍化设计大赛的方式，寻找更多优秀的设计方案。

·专家和残疾人团体发布信息

仅仅依靠建筑师个人的设计能力实现无障碍化设计的艺术性是不太现实的事情。保罗·奥斯特加德先生认为应当通过专业人士客观地收集当事人（老龄人士和残疾人士）对现有的无障碍化设施所提出的意见，加以整理并适时地对外发布信息，以此推进全社会无障碍化的进程。若当事人对无障碍化方案提出不同看法，建筑师也应当引起重视。

例如，近来一所刚竣工的无障碍化中心引了专家们的注意。该中心是由基曼（Bjarne Kenning）先生设计的，基曼先生以设计手册为基准，在尊重残疾人士愿望的基础上完成了对这所中心的设计。面向建筑师新版的无障碍化设计标准（Udgiver）手册已经在丹麦问世，期望其能对建筑师今后的设计有所帮助。

近年来丹麦政府的都市住房部门曾多次召开各种以无障碍化设施建设为主题的研讨会。丹麦全国有50多个和残疾人相关的社会团体，他们是这些研讨会的积极参与者，这些研讨会已经成为专家和残疾人福利团体进行相互沟通的重要平台。这类研讨会能频繁召开的重要原因是残疾人各福利团体利用大会这样的平台，积极发布和残疾人相关的各种信息，这些成熟的 NPO ☆(6) 在这样的大会上向政府的相关部门提出各种意见和建议。例如：身体残疾者知识中心编辑出版了《谁都可以使用的游乐园》（www.vfb.dk）一书，建议在每年 11 月的无障碍日，学生们都应当乘坐轮椅出行，去亲身感受各种无障碍化设施的实际状况。这样的建议引出了以"残疾人福利团体的要求是否正当？"为题的社会大讨论。

保罗·奥斯特加德先生今后的研究课题主要是轮椅患者的出行问题。如果无障碍化设施更加完备，将能进一步扩展轮椅患者的活动空间，扩大他们的出行范围。对于视觉障碍患者和智障患者而言，需要研究的课题会更多，需要解决的难题也更多。保罗·奥斯特加德先生从 1998 年开始研究针对视觉障碍患者的无障碍化设计问题。

5. 彼得·迪尔·埃里克森（Peter Theill Eriksen）

"充满生机"的建筑设计

这里为读者介绍彼得·迪尔·埃里克森先生的无障碍化设计

☆（6）NPO
英文为：Non-profit organization，非营利组织。日本于 1998 年颁布实施了《特定非营利活动促进法》（通称 NPO 法）。

保罗·奥斯特加德教授绘制的素描图

理论，他就职于埃里库·科森设计事务所，是主持德罗宁根度假村建筑工程的主要设计师。

彼得·迪尔·埃里克森先生在德罗宁根度假村的工程中充分展现了其设计思想——为残疾人士创造一个"充满生机"的生活场所，实现残疾人士能像健全人一样生活的愿望，实现其不断追求的梦想。埃里克森先生在进行"充满生机"的设计过程中，努力为残疾人士设计出和健全人一样的生活环境。在日本从事残疾人文化艺术活动的 NPO 组织，也积极倡导创作"充满生机"的艺术作品。在追求"充满生机"的设计思想上，和埃里克森先生可谓有异曲同工之处。

埃里克森先生的这种设计思想很大程度上是受到其家庭的影响，埃里克森先生的母亲患有"脑性麻痹症"。尽管丹麦是福利型的社会，有着令人羡慕的社会环境。但是面对着残疾人层出不穷的各种问题，也必须以负责任的态度认真对待，切实解决残疾人所面临的各种困难。

· 通过无障碍化设计作品充分展现建筑师的设计能力

无障碍化设计领域的权威保罗·奥斯特加德先生认为："从无障碍化设计中可以产生新的设计思想"，埃里克森先生赞成这一观点，并且认为"由于无障碍化设计条件的限制，因而可以充分展现建筑师的设计能力"。建筑师在承接无障碍化设计工程时，要严格遵循相关的设计法规并且要努力满足使用者提出的各种要求。由于受到诸多条件的限制，还要考虑各种的设计要素，因此是对建筑师设计能力和创新性的挑战。

建筑师要衡量各种无障碍化的设计要素，并根据其不同的重要性依次进行综合考虑。在埃里克森先生的设计作品中，优先考虑艺术性和成本因素，最终实现各设计要素的综合平衡。为了使无障碍化设计作品"充满生机"，埃里克森先生在其设计中充分发挥艺术要素的功能，使其的空间设计给人以特殊的美感。

· **"器械"式的设计是失败的设计**

在对无障碍化设计进行专题研讨的时候，人们特别重视"能让人产生亲近感"的设计。任何无障碍化设计至少也要做到满足基本的使用功能，如同进行"器械"设计一样。但是任何无障碍化设计都应当做到功能性和艺术性的完美统一，这种设计思想和通用设计的思想有异曲同工之处。在现有的阶梯上直接安装机械式升降梯，或安装台阶式升降梯或其他形式的电梯，这样的设计不能看成是成功的无障碍化设计。而采用移动式自助型的升降机设计，可以被认为是良好的无障碍化设计案例。在德罗宁根度假村的无障碍化方案设计中，埃里克森先生尽可能地避免出现上述的错误。

德罗宁根度假村给人留下深刻印象的是村内的各座建筑充分

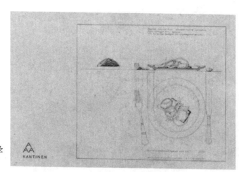

张贴在奥胡斯建筑大学学生食堂里的宣传海报

展现其"充满生机"的艺术性,为顾客营造了一个具有亲切感氛围的空间环境。在德罗宁根度假村的中心建筑(公用设施)里,展示着由年轻艺术家们创作的艺术作品,这些创作由丹麦的艺术基金会(Art Foundation)资助。艺术基金会为了资助和培养年轻的艺术家,公开招募艺术作品,并从中遴选优秀的作品作为展品,同时要求被资助艺术家必须在度假村展出其创作的艺术作品,度假村可以无偿地使用这些艺术作品。年轻的艺术家也通过这个展示其创作的艺术作品的机会,使其艺术才华逐渐获得社会公众的认可。建筑师和艺术基金会在向社会大众宣传和普及艺术方面做到了殊途同归。

· 建筑师建议实现家具的标准化

放置在德罗宁根度假村的家具都经过了严格挑选。大多数的家具都为制式化的家具,只有个别的家具是经过了专门的设计。埃里克森先生从残疾人士的使用角度出发,经过反复地衡量之后才最终确定了放置在度假村里的家具、设备的样式。照明器具选用丹麦市场上常见的产品,大多是阿尔瓦·阿尔托[7]先生生前设计的样式,安装在德罗宁根度假村的橱柜和坐便器也都经过了专门设计。只是经过专门设计的带有操作台可以自动调节的橱柜,其利用率比事先预想的要低很多。埃里克森先生有很高的成本意识,认为"这种专门设计的橱柜,是在浪费投资费用"。

☆(7)阿尔瓦·阿尔托(Alva Aalt)
阿尔瓦·阿尔托(1898–1976)先生是芬兰从事室内空间设计的建筑师,他除了设计公共建筑之外,还专门进行家具和照明器具等用品的设计。

生产家具和设备的制造商可以改正建筑师设计时出现的错误，可以和建筑师合作设计出令人满意的产品。以德罗宁根度假村的橱柜为例，制造商在建筑师设计的橱柜操作台上选用了标准化的按钮。可以刺激大腿内侧肌肉的带有雕刻花纹的坐便器也已经列入厂家的产品目录。日本也有很多类似的热心公益事业的企业，可以随时根据具体工程中的反馈意见，及时生产出令人满意的产品来。

· 项目例会

在工程设计的过程中，根据顾客对项目提出的需求，需要定期召开"项目例会"。在项目例会上，要根据顾客的要求及时研讨项目计划书，修改设计方案。丹麦硬化症协会的会长库里佩尔先生作为用户方的代表，和设计事务所的主管埃里克森先生有着深厚的友谊。为了满足用户方不断提出的新需求，他们曾多次在自家住宅的附近就建设德罗宁根度假村的问题进行研讨，研讨始终在和睦的气氛中进行。正是在用户方和设计方的紧密协作之下，最终成功地完成了德罗宁根度假村的建设工程。

在设计中根据客户所提出的要求，埃里克森先生不断修改设计方案。由于埃里克森先生坚持"只要是用户提出的要求正当并且重要，理所当然地要修改设计"的观点，因而为此召开了多次的项目例会。例如，在度假村最初的规划中设计了游泳池，由于担心大小便失禁的患者使用游泳池会引起卫生等诸多问题，有人建议取消该项设计。但是经过多方的反复研讨还是没有取得共识，结果没能取消该项设计，还是建设了游泳池。从这一点上，也充分体现了具有丹麦烙印的文化特点。正是在这样的社会环境中，建筑师对于顾客提出的各种需求，努力通过自己的设计和创造去尽可能地给予满足。在日本优先考虑的是工程进度的问题，并重视工程的过程管理。类似这样根据顾客的要求不断修改设计方案的做法，在日本很难实现，因而日本还有许多需要学习的东西。

德罗宁根度假村是设计十分优秀的建筑作品，可以作为建筑师进行福利设施设计的范本，日本也可以从德罗宁根度假村的建筑设计中，借鉴很多值得学习的东西。尽管在设计手册中并没有涉及"项目例会"的相关内容，但是正是在各种"项目例会"上，去研讨了客户的各种要求，才最终在工程建筑中实现了客户的愿望。

尽管现在很少听到顾客对德罗宁根度假村有什么不满的意见，但是度假村还在筹划下一步的改建工程，规划建设阳光屋和冬季度假村。由于目前资金还不到位，尚处于规划构想阶段，我们期待着度假村有更多更好的建筑设计问世。

第四章
日本国的现状和对未来的展望

1. 采用通用设计的方法，建设福利社区

① 开发和福利

日本从战后的复兴时期步入到经济高速的成长期之后，全面开发建设的浪潮波及了全国各地。作为国家发展战略而修建的高速公路和新干线高速铁路将中央和各地方紧密地联系在一起，这些基础设施的建设成为经济高速发展的重要支柱。以大都市为中心带动全国的城市化进程，日本各地方城市开发了大量的丘陵并围海造田，以确保有足够的工业用地。由于大量的国土开发，使得很多区域的环境发生了根本性的改变。

由于大气污染和水质污染等环保灾难的不断出现，日本各地区居民的生活环境受到了严重的威胁。为了保护生存环境，各地开展了轰轰烈烈的群众运动，要求政府和各相关企业承当起应尽的社会责任，改善人们的生活环境。与此同时，保障残疾人士的基本人权和基本生活的运动也由此开展起来了。

· 地方政府和建设福利社区

当美国还在讨论残疾人福利法规的时候，日本已经从 1973 年开始实施残疾人士的康复法规，并希望在日本各地实现建设"福

利地区"的理想。日本各地残疾人士的福利设施全面接收各类残疾人，所有公营的福利设施都面向身心残疾的人士开放，并全面实施面向残疾人士的各项福利制度。为了推动残疾人福利事业的发展，各地方政府积极建设各种具有地方特色的福利社区，并且从中确定了作为样板的城市，并以此为典型向日本全国推广。在1979年，日本确定以神户市作为样板性的残疾人福利城市。地方政府将早期的建筑设施加以改造，按照建设福利社区纲要中的相关规定具体付诸实施。最早日本全国性的建设福利社区标准是参照神户市的标准制定的。随后在已经实施的基础上，借鉴各地方实施的具体情况加以补充和修改，颁布了新的建设福利社区的实施条例。各地方政府依照新条例的要求，积极推进福利社区的建设工作。

日本各地方政府积极开展自1981年开始的"联合国·残疾人十年"的各项活动，制定了和残疾人相关的各种政策，并且积极推进和落实各项政策的执行。

· 老龄化和建设福利社区

从20世纪80年代后期开始，日本开始步入老龄化的社会。如何应对老龄化带来的各种社会变化，是日本政府必须面对的问题。根据1986年修改的《老年人保健法》，日本建设了专门的"老年人

轮椅患者也可以使用的自动扶梯

保健设施"，并出台了和老年人相关的各种政策法规。进入 20 世纪
90 年代，即从"联合国·残疾人十年"活动结束开始，为了建设
福利社区、有利于人们的出行，日本启动了城市交通环境的改建工
程，社会各界广泛参与并积极地献言献策。1990 年美国颁布了《残
疾人法（ADA）》，进一步推动了日本制定相关法规的工作，日本也
陆续出台了地方城市的建设条例和社区建设条例。1992 年开始实施
的"无障碍化设施的建设制度"，允许有关方面进行低利率的建设
融资，促使各城市和各建筑设施全面改进自己的硬件建设和软件环
境。根据日本的《老龄人士保健福利十年推进战略（1990–1999）》
的要求，制定了所谓的金色方案，宣告日本全面进入老龄社会。
1999 年为国际老年人年，日本为建设老龄化福利社会对城市环境进
行了改建，体现了向全世界开放的胸怀。

② 福利社区建设的现状和面临的问题

· 住宅和住宅环境的建设

在住宅建设和其周围的环境的改造过程中，还面临着诸多的
问题。在人们不断提高生活质量的要求下，每户住房面积的需求
也在不断地增加，最终会出现一个由量变到质变的转变。1980 年
原日本通产省启动了和老龄人士和残疾人士相关的技术开发项目，

☆（1）集体住宅
集体住宅是面向老龄人士（特别是患有认知功能障碍的老龄人士）和残疾人士的住
宅，是和志愿者和工作人员共同生活的场所，每座建筑可以接收 5～9 人入住。在
工作人员的照顾下，该地区生活自理困难的人士可以在设施内实现家庭般的生活。
这种住宅是为上述人员实现生活上的自立所提供的一种新的服务形式。

很多研究人员和企业都参与了项目研究，研究的主题是由于人的身体功能的变化所引起的在住宅功能需求上的变化。1981年日本政府在东京都八王子市为肢体残疾的人士建设了特别的住宅，随后日本各地陆续建设了面向残疾人的福利型集体住宅[☆(1)]，也建设了很多面向老龄人士的"银色"老年公寓[☆(2)]。东京都江户川区实施的面向老龄人士和残疾人士的住房改造资助制度引起了社会很大的反响。

在对住宅实施无障碍化改建的时候，还要从护理人员的视角出发考虑问题，创造令各方满意的生活环境。将住宅改建成适宜老龄人士居住的建筑的工程成本同居家聘请护理人员所花费的费用相互进行比较，可以看出对住宅进行改建的效果会更佳。不同地区都有用于租赁的特别住宅建筑，各地区也出台了本地区租赁福利住宅的相关政策。尽管建设的各类住宅构成了福利社区，但是各地区也要出台相应的政策，在引导人们建设福利社区的同时，也要对社区的周边环境进行规划改造。

·建设和人们生活紧密关联的公用设施

为了推进日本的国际化进程，日本各地建设和改建了很多机场和港口，通过建设新干线高速铁路和高速公路将日本各地紧密地连接在一起。但是和人们生活紧密相连的交通设施的改建工程

神户港内体现人文关怀的中突堤码头

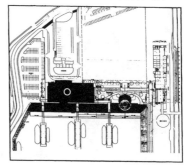

☆（2）老年公寓
老年公寓是一种接收附近区域的老龄人士入住的集体住宅。居住在老年公寓的独居单身老人或老年夫妇，在这里可以安心地生活，并能得到相应的服务。

也应列入议事日程，加快对交通基础设施的无障碍化改建，应当作为日本的基本国策。通过改建工程能够使老龄人士和残疾人士的出行变得更为顺利，各地区的交流也会变得更为通畅。不仅需要对交通基础设施进行无障碍化的改造，而且需要对各种交通节点和交通枢纽进行改建。在阪神大地震的复兴计划中，以人的需求为第一目标，特别是阪急伊丹车站和神户港的中突堤码头的设计，充分体现了全社会对老龄人士和残疾人士的人文关怀。

尽管人行道作为老龄人士和残疾人士重要的步行通道，但是在设计上还存在着十分不完善的地方，不能确保老龄人士和残疾人士步行的舒适性和安全性。从关心社会弱势群体的实际情况出发，要加强基础信息的分析处理能力，要使每个人都能享用交通信息化系统所提供的便利服务。要强化信息通信的基础设施建设，实现全社会信息通信的现代化。为了实现生活环境的无障碍化，需要重新统筹规划和人民生活紧密关联的社会资金的使用，加强福利基础设施的建设。1994年日本颁布了《无障碍化设计法规》，要求特定的建筑物都要实施无障碍化改造，以方便老龄人士和残疾人士使用，这项法规的出台体现了社会对弱势群体的人文关怀。为了执行国家颁布的这项条例，日本各地方政府加快了和人们生活紧密关联的公用设施的改造工程，以创建福利社区为目标，实

地铁站台上的封闭门

现老龄化的福利型社会。

2000 年 11 月日本颁布了无障碍化交通法规，要求改建现有的交通环境，以利于包括老龄人士和残疾人士在内的全体市民出行的需要，各地方已经制定了相应的改建方案并开始付诸实施。人们期待着包括铁路和航空枢纽等交通设施也加快无障碍化的改造步伐，使人们生活的空间变得更为宽阔。

·加强福利社会的基础建设

从 1989 年开始，日本启动了"老龄人士保健福利十年推进战略"；从 1994 年开始实施"新的金色计划"，以推动建设适合老龄人士生活的福利社会环境；面临着因生育下降逐渐形成的少子化社会现象，日本于 1994 年又制定了"天使计划"，并从 1995 年开始全面实施"紧急保育对策五年执行纲要"；自 1995 年开始，日本启动了面向残疾人士的"残疾人计划（面向残疾人士的 7 年标准化实施纲要）"。这些行动和计划的启动，标志着日本为实现福利型社会而全面开启包括制度建设在内的各项基础建设。通过建立公立看护保险制度☆(3)，日本政府可以为经济困难的个人和家庭给予必要的资金或实物资助。2000 年 4 月日本开始实施社会互助制度，使居家生活困难的人士可以到福利机构内居住生活，需要看护的老龄人士也可以得到来自社会各方的帮助。

☆（3）公立看护保险制度

在《看护保险法》的基础上，日本自 2000 年 4 月开始实施的一种社会保障制度。按照这项制度的规定，市、町、村三级政府为保险人，从被保险人处征收的保险费和政府的经费作为执行该制度的运营经费。被保险人为 40 岁以上的全体日本国民。需要看护服务的人事先要通过申请，并经过专门机构认定之后，按照申请人的顺序提供所需的各种社会福利服务。由专门机构确定具体支付看护保险费的数额大小。

建设福利社区首先从实现对老龄人士和残疾人士的福利关怀入手，由于日本少子化的趋势日趋严重，因而有必要促使女性参与各项社会工作，实现福利化的社会环境。由于男女同时参加工作，共同推进社会的福利化进程，因此社会的就业状况也发生了改变，而现行的子女教育环境也急需改善。近年来日本青少年的犯罪现象呈多发状态，为了预防青少年犯罪，要加强包括家庭环境和地域环境在内的社会环境建设。建设福利化的社会，实现充满人文关怀的生活环境，需要全社会每一个人的共同努力。

③ 从无障碍化设计到通用设计

日本努力消除现实社会中存在的各种障碍，各种公用建筑也全面实现"无障碍化设计"，全国为创建福利型社会的目标而努力工作。为了消除现有设施中对特殊人群存在的障碍，建筑师努力完善各种设计方案。尽管所有的无障碍化设计都是严格按照现行颁布的法规执行的，很多工程也是从轮椅患者和视觉障碍患者的角度出发进行设计的，但是在现实生活中还会不断出现其他新的问题。建筑师所设计的改善人们生活环境的"无障碍化"工程设施要想获得全社会认可简直是一种奢望。

消除了人行道和机动车道路面的高度差（设置在路口的路桩）

专栏 11

非常规的指示标识

在阪神·淡路大地震的时期，由于听觉障碍患者不能听到安置所的有线广播播放的声音，因而发生了不能及时领取救济物资的事情。从这件事情中人们认识到为了能及时了解听觉障碍患者的愿望，有必要采用一种新型的相互沟通手段。尽管在日常的生活中没有必要让所有的人都去了解听觉障碍患者的生活状况，但是在必要的时候，为了便于将听觉障碍患者和健全人区分开来，可以采用特别的指示标识，以便使听觉障碍患者获得旁人的帮助。就如同刚刚学会驾驶机动车的新手一样，往往在自己驾驶的汽车上贴上"嫩叶"的标识。而有多年驾龄的驾驶员往往在汽车上贴上"红叶"的标识。如果不对听觉障碍患者采取特别的区别标识，旁人很难将其和健全人区分开来，听觉障碍患者也难获得别人的帮助。现在日本的社区里已经可以看到"轮椅符号"的标识。在建设福利社区的进程中，很多社区从残疾人的视角出发，规划社区的设施建设。通过张贴在设施门口的"轮椅"标识，残疾人士可以知道自己能够使用设施内的卫生间和电梯，知道该设施为无障碍化的设施。尽管听觉障碍患者能看到张贴在各处用"轮椅"等图形制作的指示标识，并可以理解标识具体的涵义。但是对视觉障碍患者而言，这样的标识不起任何作用。我们周围有各种各样的残疾人士，设计师只有全面考虑各方面的因素，才能实现让各类残疾人士都能轻松自如地使用设施内的相关设备。这意味着在"非常规的指示标识"的时代里，通用设计将逐渐成为社会指示标识的设计主流。

嫩叶符号

红叶符号

身体残疾人士的符号

　　为了便于轮椅患者的出行，建筑师在设计人行步道时要设法使步道的路面保持足够的宽度，避免和周围的地面有高度差，最好采用慢坡形式的设计。为了保护行人的安全，建筑师可以在人行道旁设计专门的路桩，以避免机动车误入到人行道上。为便于视觉障碍患者出行，可以在人行道上特别是障碍物的附近铺设有指示作用的盲道，铺设的盲道可以对视觉障碍患者的出行起到一定的指示作用。但是目前在日常的生活环境中，针对听觉障碍患者的无障碍化设计还十分有限。我们身边有各种各样的残疾人士，但是社会在消除残疾人生活中的障碍等方面所做的工作还不多，需要全社会作出更多的努力。现在还没有能面向所有残疾人士的无障碍化设计方法，人们呼唤新的设计方法能充分展现建筑空间所具有的魅力，人们将这种设计方法称为"通用设计"的方法。现在很多生活领域都采用了通用设计。尽管现在在日本已经很少采用常规的无障碍化设计方法进行设计，采用通用设计的方式已经成为时尚，但是通用设计的实际效果究竟如何，还需要经过长时间实践的检验。不能仅针对专门的福利设施和住宅采取无障碍化的设计，为了创建福利社区，无障碍化设计要深入到社区的每一个角落，以改善人们的生活环境。各级政府既要消除人们生活中各种障碍所产生的负面影响，还要发扬有利于改善人们生活环境的各种正面要素。希望建筑师能参考无障碍化设计手册，设计出既有利于提高人们的生活质量、又能充分发挥建筑空间各项功能的设计方案。

2. 建筑师和政府的责任

① 无障碍化设计和通用设计的相互比较

建筑师的认识

现在日本很多的建筑师都在思考"建设福利社区"、"无障碍化"和"通用设计"等相关问题。通过对日本全国 500 余家设计师事务所的问卷调查得到的结果[4] 得知，一多半的事务所都听说过"无障碍化"一词，并能正确理解其中的基本涵义，还有的事务所能准确叙述"无障碍化"一词的真正内涵。另外有大约四成的事务所听说过"通用设计"一词，其中有的事务所也只是从字面上去理解"通用设计"，而根本不理解"通用设计"的真正涵义。能完全了解"通用设计"内涵的事务所不到两成，而完全不清楚"通用设计"的事务所则超过了三成。由于多年的宣传和实践，"无障碍化"一词已经被广大设计师所接受。而对"通用设计"的理解

☆（4）问卷调查得到的结果
引自由老田智美、田中直人、保志场国夫 3 人撰写的"关于建筑师对无障碍化认识的相关调查研究"一文中的数据，摘自 1997 年 7 月出版的《日本建设福利社区学会第二次全国大会文件汇编》。

大多还只停留在口头上，随着越来越多的建筑工程实施了通用设计的方法，通用设计的内涵也会逐渐被人们所熟知。

这次调查选择的对象都是规模较大的设计师事务所。很多事务所的设计师的个人看法同其事务所的官方立场有着较大的差异。大多数的建筑师都遵循无障碍化设计的基本内涵，但是也有少量的建筑师在自己设计的建筑作品中大胆地超越现有的法规束缚，在设计上实现新的创新。还有一些事务所却以业务和无障碍化设计不相关为由拒绝回答调查问卷上的任何问题。令人感到遗憾的是今天的日本，还有不少建筑师在其潜意识中仍然认为无障碍化设计属于一种专门的设计方式，是专业事务所业务范围内的事情。日本要从"无障碍化设计"转变到"通用设计"，还有很多工作要做。要完全消除残留在部分设计师头脑中所遗留的认识上的"障碍"，不是一蹴而就的事情。

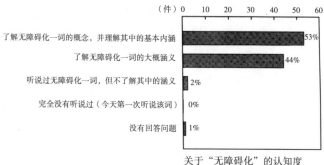

关于"无障碍化"的认知度

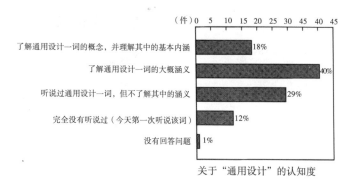

关于"通用设计"的认知度

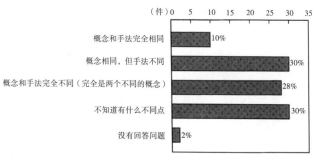

关于"无障碍化"和"通用设计"
有什么不同

（数据的出处见第 193 页的脚注☆（4））

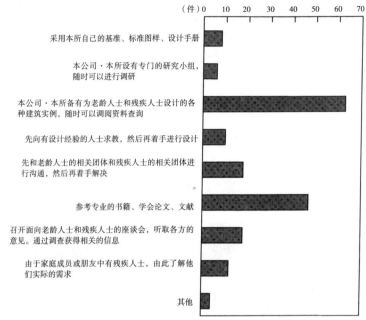

如何了解老龄人士和残疾人士对建筑设施的不同需求

（数据的出处见第 193 页的脚注 ☆（4））

第五章
通用设计未来的发展方向

1. 采用新型的通用设计方式

福利型社区的种类有很多。很多从事福利社区工作的人士希望能在一起相互交流、相互协作。目前日本在建设福利社区的过程中，已经出现了不少的误区，有关方面要提醒人们避免出现类似的错误。尽管在建筑设计领域里，日本很多的专家认为设计的潮流已经从无障碍化设计转向了通用设计。但是通过对"无障碍化设计"和"通用设计"的内涵进行比较，从概念上它们依然属于设计的范畴。丹麦的建筑师在进行建筑设计时，经常和有关方面人士举行座谈，开阔自己的设计思路。建筑师不能闭门造车，要以人和环境为主题，从使用者的视角出发，设计出体现人文色彩的设计方案。任何设计方案在制定之后，也不是固定不变的，还要根据实际情况进行修改。在现代的社会中，不论一个人的身体状况如何，都不可小视其身上所具有的才能。我们要为和生活在同一世界的残疾人士和老龄人士创造一个充满人文关怀的现代社会。

从丹麦众多的无障碍化建筑案例当中，日本可以学到很多值得借鉴的成功经验。建筑设计的思想不能仅停滞在无障碍化设计上，应当从具体的无障碍化设计案例当中，不断地总结经验，在此基础上，创造出新的设计思想和方法。在进行建筑设计时，建

人行步道和水渠的巧妙布局，营造出一种充满生机的街区环境

筑师可以借鉴别人编纂的设计手册作为设计参考的依据，但是不能受手册的束缚，应当努力创新并有所超越，设计出具有时代感的温馨的空间建筑作品。

"通用设计"一词最早来源于美国，主要是指在生产产品时所采用的工业设计方法，其内涵带有浓厚的商业主义价值观。本书使用了"通用设计"一词，只是借用其多视角、多方位观察事物的方式，综合分析各种基本信息，在此基础上完成设计方案。换言之，并不是简单地从"无障碍化设计"转变成"通用设计"。就深层次而言，是以实现"无障碍化"为目标，立足于改善老龄人士和残疾人士的生活环境，创建现代化的福利型社会。无论是无障碍化设计，还是通用设计，都是实现人们美好生活环境的一种手段。无障碍化设计是针对特定人群实现的人文关怀，而通用设计则是以包括特定人群在内的全体公民作为设计的对象。由此可见，通用设计所涉及的领域更宽，意义更为深远。

不管怎么说，从事建筑设计的人士从某种意义上说也是在进行环境设计，建筑师运用自己综合的设计能力为人们营造舒适的生活空间环境。由于目前找不到一个简单的词汇能概括人们的这种愿望，所以现阶段只好借用"通用设计"一词，来代表这种新的设计思想。

建筑师所设计的空间环境，人们可以通过视觉观察和体验来感受其实际的设计效果。人们的空间活动，也是通过视觉的引导来进行的。而未来建筑师设计的空间环境，应当可以激发人们的多种感觉器官，让人产生完全不同于现在的别样空间感受。

为了激发人们的各种感觉器官，本书以能对五大感觉器官产生良好刺激效果的环境设计为主题，为读者介绍了很多典型的建筑设计案例。这些设计案例无论是采用无障碍化设计的方法，还是采用通用设计的方式，都为我们展示了充满艺术的空间环境，而生活在这样环境中的人们可以充分地感受到现代福利社会中充满人性的关爱，日本也在向建设福利型社会的目标而努力。尽管现行的设计手册中的各种规定使得不同的设计方法都按照同样的标准去实施，这种结果造成了建筑师的设计水平基本处于同样的基准上。但是建筑师应当根据具体的案例适时引进新的设计思想和新的技术，进一步改进和提高设计水平。如果只是机械地按照手册的要求去进行设计，那只能会出现千篇一律的局面，从而束缚人们的创新思想。为了创造人类舒适的生活空间，建筑师要勇于追求、不断探索。建筑师进行设计的过程，也是在追求人和环境和谐相处的过程。只要通过人们的不懈努力，就能实现人和环境完美结合的福利型社会的理想。

2. 七个基本原则

① 相互沟通和设计之间的关系

如果评价目前日本在建筑设计领域中存在什么不足的话，那就是还没有认识到和相关人士之间进行对话交流的重要性，而且这项工作开展的还不十分普及。虽然不同的工程项目，也都定期举行相互沟通的项目例会。但是这样的项目例会，和举行与顾客交流对话的座谈会性质是完全不同的。建筑师在大多数情形下只是根据自己的意愿进行设计，怎么可能了解使用者的真正想法呢？建筑师应当把市场调查工作放在重要的位置上，并聘请专业的人士具体承担这项工作。由于事先的调查工作进行得不充分，进而导致工程设计方案不完善，随着工程的进程不断进行修改的案例在日本不胜枚举。如果建筑师能从残疾人士等使用者的角度出发，了解使用者的具体需求，就可以避免在工程设计中出现低级的错误。一切设计工作都应当从使用者的视角出发。

建筑师为了能准确地把握使用者的特点和他们的需求，要加强和使用者之间的对话交流工作。建筑工程是多项工作的综合体现，建筑师要增强工作的使命感和责任感。在平庸的工程建筑设计方案中，一定不会诞生杰出的建筑师，更不会产生具有创新性的建筑设计风格。

但是由于受到时间的制约和条件的限制，这种同顾客对话交流的工作开展起来非常困难，也很难给顾客支付酬金，因而决定了开展这项工作非常不容易。开展的调查工作，也是对工作人员能力的考验，目前相关人员的工作技巧和工作经验也还存在着一定的缺陷。尽管面临这样多的难题，但是建筑师还是要有坚忍的意志，要坚持和顾客对话交流。只要建筑师持之以恒地不懈努力，一定会设计出经典的建筑作品。

如果能够解决上述的难题，建筑师必定会受到来自同行们的赞誉，甚至会被誉为"大师"或"专家"，其建筑作品也会被顾客评为充满艺术魅力的建筑设计。

② 优先考虑艺术性

建筑物展现的艺术魅力是建筑物存在的重要因素。但是遗憾的是现实的社会还有很多令人作呕的建筑。通过采用无障碍化方式设计的建筑作品，要想充分展现建筑物所具有的艺术性，对于建筑师而言没有任何的设计诀窍。例如要想在设置有坡道的建筑物大门口，充分体现建筑设计的艺术性，的确是件非常困难的事情。

如何在无障碍化的设计作品中，既能充分体现设施的功能性，又能展现结构的舒适性，还能降低工程的成本，并且能充分彰显空间建筑的艺术性，这些都是对建筑师的智慧、能力、创造性的重大考验。如果建筑师坚持艺术至上的原则，在必要的时候就需要重新认识并修改其他妨碍艺术设计的制约条件。

实际上，这对建筑师提出了更高的要求，要求建筑师对相关领域的知识融会贯通，并要具有综合的分析和判断能力。一般的建筑师很难具备这样超人的能力。建筑师在设计的过程中，要和各方面的专家合作，共同解决设计中遇到的问题，这也对建筑师

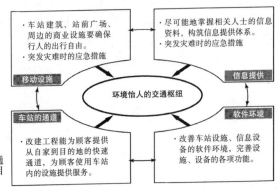

阪急伊丹车站交通枢纽设施改建项目的工作流程

的协调组织能力提出了新的要求。伟大的建筑师必须具有坚定的
意志，并经过长期的实践才能成长起来。

建筑师既要通过所设计的建筑展现其充满"个性"的艺术美
感，也要考虑与周围环境的相互协调，统筹"全面"的设计方案，
做到和都市景观风格的整体和谐。和日本的街道相比，欧洲城市
的街道充满着艺术的气息。人们可以从不同城市街道的风貌中去
领悟不同的社会价值取向。

③ 能对感觉器官产生良好刺激的设计

从本书所列举的各种集体住宅案例中我们可以得出这样的结
论，要想创造快乐的生活环境，就需要建设足够的公共活动空间。
目前日本很多集体住宅的管理者盲目追求经营的效率，忽视了对
使用者的关心和照顾。

建筑师要从使用者的视角进行建筑设计，并参照人们的眼睛、
四肢等人体标准规格尺寸进行设计，就如同设计家具一样要精雕
细琢。在设计时建筑师不光要关注外观的质感，也要考虑敲击时
发出的声响，还要重视建筑材料可能发出的味道。通过建筑师的
设计，期望能对五大感觉器官产生良好的刺激作用。

在具体的设计中，建筑师需要认真考虑采用何种方式才能对

哥本哈根港口旁边著名的"哈芬水道"。传统的建筑
群构成了著名的餐饮一条街，吸引着来自世界各地
的参观者到此一睹水道两边充满魅力的景观建筑。

人们的感觉器官产生良好的刺激。采用这样的设计方法加大了建筑师的工作难度，也不能提高建筑师的工作报酬。建筑师们在工作中会遇到各种各样的设计难题，只有在工作中坚持不断地创新思路，改进常规的设计方式，才有可能设计出令人震撼的空间建筑作品。

④ 室内设计和艺术性

建筑师既是内部空间环境的主宰者，也是内部空间环境的主要设计者。日本住宅内部空间环境的布局，完全是由建设师来承担主要设计责任。在经济高度发达的日本，令人感到吃惊的是至今还有人生活在非常贫困的空间环境之中。很多残疾人至今还不能住进福利设施，对于他们而言，能有一个充满魅力的居住空间简直是一种奢望。尽管这里有使用者本身自己的责任，但是各级政府和建筑师也要为实现适宜人们生活的空间创造条件，要以为弱势人群实现美好的生活环境作为自己的使命和责任。

假如建筑物的外部装饰让人感觉非常简朴，建筑师在进行内部的空间环境设计时，则要尽可能地营造温馨和舒适的装饰氛围。室内空间要用色彩涂饰，内部的空间装饰也要创造出轻松和欢快的气氛。倘若建筑师采用艺术性的设计手法，可以使内部空间变

这是位于哥本哈根的古城堡，现已作为公园向市民开放。这些古老的建筑和周围的自然环境相互融合，形成了古朴典雅的休闲空间。

得比实际预想的宽敞很多。建筑师要和艺术家们相互协作，共同为人们创造美好的生活环境。

由于目前日本的艺术还没有实现社会的普及化，因而现在还不能马上实现上述的愿望。很多建筑师希望美术馆举办的艺术展览应更贴近人们的生活，人们在提高生活质量的同时，也会提高艺术的欣赏水平。随着人们对艺术的理解能力的提高，也会对室内装饰提出具有艺术特点的建设性意见。

⑤ 健康、材料、环保

一些建筑材料对人们的身体健康具有相当的危害性。为了避免选用具有危害性的建筑材料，日本政府也出台了相应的政策法规。但是建筑材料中所含的甲醛和其他危害健康的成分，仍然是引起人们担心的问题。

从保护人们身体健康的目的出发，在工程建筑中应尽可能地选用有利于人们身体健康的建筑材料，而将危害身体健康的建筑材料排除在设计方案之外。使用者可以亲自选择天然的建筑材料，选择可以散发对人体有益的荷尔蒙的木材作为建筑材料。这样的做法要求使用者对通用的建筑材料要具备一定的使用常识。

化学建材具有质量均衡、价格低廉、加工容易等优点。现在

卫生间内的装饰艺术

日本正在开发生产具有这些优点的天然材料。洋麻是生长很快的速生植物，并能大量地吸收二氧化碳（CO_2），日本各地都可以种植。洋麻是生产壁纸的主要原料，日本已经成功研制出洋麻壁纸，但是如何降低其生产成本还是研究人员需要解决的问题。如果利用废弃的耕地，大面积地种植洋麻，一定会降低洋麻壁纸的生产成本。倘若建筑业和其他行业相互协作，就能为开发新的建筑材料开启大门。如果某项工程建筑的设计非常出色，工程质量优良，选用的建材也有利于人们的身体健康，那么这项工程可以看成是真正意义上的完美工程。因为这样的工程建筑实现了环保的生活环境，为实现循环型的社会作出了贡献。

⑥ 和外部空间及周围的地域环境相融合

以庭院建筑为代表的日本传统建筑文化，提倡空间建筑和外部环境之间的完美融合，从而展现建筑物所具有的真正价值。但是也有很多的建筑其室内空间和外部环境是完全分离开来的，写字楼就是其中的典型代表，密闭的中央空调系统使室内外的环境完全被隔绝开来。

建筑师既可以设计出和外部环境紧密相连的建筑，也可以设计出和都市环境相和谐的建筑，还可以设计出和郊外自然环境相融合的建筑。这些建筑设计的关键在于如何处理好"个体"和"整体"

之间的关系，如何在"整体"的空间环境中，体现"个体"的建筑风格，"个体"的建筑不应使"整体"的建筑风貌发生改变。

建筑师要认真体会不同地域的建筑风格，要了解当地社会的风土人情和相互之间的各种关系，要能对建筑物的周围环境作出正确的判断。例如路易斯安娜现代美术馆就被看成是成功的建筑设计案例，该美术馆的建筑和周边环境的相互关系处理得恰到好处，给人一种生机勃勃的印象，日本也不乏很多类似成功的建筑案例。只要建筑师对所设计的对象进行深入细致的分析，就能设计出成功的建筑作品。很多国家借用日本传统建筑的设计手法，作为评判"个体"建筑和"整体"环境是否相互融合的标准。

⑦ 新的设计思想所面临的挑战

无障碍化设计思想改变了传统的建筑设计思想，同时又面临着新的通用设计思想的挑战。建筑师在努力展现建筑物艺术魅力的同时，也不断诞生新的设计思想和设计理论。虽然无障碍化设计思想也是在不断追求和不断创新中诞生的，但是时至今日，采用无障碍化设计思想设计出的令人称赞的建筑案例还不是很多，人们期待着更多成功的、采用无障碍化方式设计的建筑作品早日问世。

残疾人士具有和普通人不一样的观察世界的方法，也具有非同常人的感知能力。如何顺利地同残疾人士对话交流，是摆在建

位于日本金泽县内的兼六园

筑师面前的一个难题。如果能将这个问题解决好，日本也可以向全世界推广自己的设计思想。例如本书为读者介绍的刺激五大感觉器官的设计思想，就值得很多国家的相关人士学习和借鉴。

以日本的几个工程项目为试点，建筑师试图尝试从残疾人士的视角来规划设计方案。2001年在日本山口县举行了水晶博览会，当地政府计划将水晶博览会的原址改建成公园，并在此基础上建设国际残疾人交流中心（参见本书第73页的脚注）。为了实施这一计划，有关方面专门制作了建筑物的模型，并绘制了整体的效果图，邀请相关人士参加研讨会，共同讨论设计方案。日本静冈县县立综合医院实施的改建工程，由于该工程属于新增建筑工程，因此在向有关人士征求对设计方案的意见时，听到的反对声音很多。建筑师在听取了多方的建议之后，修改了原来的设计方案，采用能刺激五大感觉器官的设计方法，最后得到了多方认可。任何一个工程项目都离不开各方人士的支持和关心，只要各方齐心协力，就能完成令人满意的设计方案。对于通用设计而言，既不能仅研讨其概念的内涵，也不能仅探讨其设计理论，更重要的是要将通用设计的思想付诸实践，并要经过长期的实践检验。建筑师要在此基础上，不断地从实践中总结经验，进一步完善和丰富通用设计的理论体系。就如同编纂工程设计的参考使用手册一样，要不断地进行补充和完善，要不断地接受来自新的工程项目的挑战。

在演示国际残疾人交流中心的模型效果图

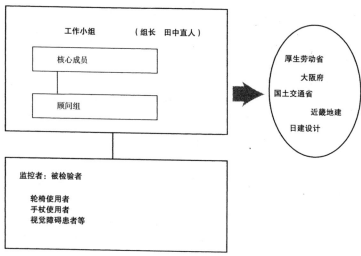

实验验证评价小组成员的架构

后记

在 21 世纪到来之时，日本已经成为长寿型的社会。为了实现日本建设福利型社会的愿望，需要各方共同努力，从改造现有的基础设施入手，创造体现人文关怀的社会环境。目前日本在建设福利社区的进程中，还存在着诸多的问题。虽然各级政府制定并颁布了相关的无障碍化设计法规和条例，但是在执行过程中也还会遇到不少的困难，建设福利型社会是一个非常漫长的过程。由于日本各地区的情况不同，各城市和各地方也还存在着不少的差异。因而很多都市的改建方案难以适应地方的实际情况，要实现福利型社会还面临着不少问题。房屋建筑和人们的生活紧密相连，建筑环境的变化也会对人们的生活质量产生很大的影响。第二次世界大战之后日本人的生活发生了翻天覆地的变化，以批量化、标准化、高层化、大规模化、复合化、街区景观建设、节能、环保、福利化、水景家园、主题社区、参与协作、无障碍化、与环境共生、抗震、通用设计等层出不穷的设计主题，在不同时期竣工的建筑物上留下了深深的烙印。今天我们作为 21 世纪建筑的设计者要承担起时代赋予的社会责任，要把建设宜居的都市生活环境作为我们应尽的职责。如果未来的建设主题不再是"建设福利社区"的话，那就意味着建设福利社区已经成为社会常态化的工作。在未来的社会中"福利"一词将不再是当今社会中常用的词语，在新社区的建设中将超越通用设计的思想，我们期望着代表未来生活模式的示范性建筑早日问世。

如果本书能为更多的人士寻找未来的生活模式提供帮助，能为创造未来新的社会环境提供可以借鉴的经验，那将会使作者本人感到莫大的荣幸。

在此谨向以保罗·奥斯特加德教授为代表的丹麦专家，向在作者考察过程中给予支持的其他丹麦人士，向居住在奥胡斯市的片冈丰先生，向居住在哥本哈根市的田口繁夫先生，向丹麦驻日本大使馆的吉姆·本达森先生，向丹麦语的翻译砂田贵彦先生，向收集相关资料并给予后方支援的后藤美穗子小姐，向负责资料整理并给予鼎力协助的 NATS 环境设计网的老田智美先生，向本书的封面设计者和对本书的撰写给予大力帮助的各方人士，向为本书的出版付出辛勤劳动的彰国社后藤武氏先生等各位编辑专家，表达作者深深的感激之情。

作者
2002 年 4 月

作者简介

田中直人（工学博士，一级建筑师）

1948 年出生于神户市。毕业于大阪大学工学部建筑工学专业，后在东京大学研究生院工学系进修建筑学专业的硕士课程。曾经担任神户市福利社区建设、新社区建设、公共设施等城市开发和建筑规划项目的设计师。后担任神户艺术工科大学环境设计学科的副教授、教授，摄南大学工学部建筑学科的教授。

著作：《无障碍化的建筑设计》（彰国社），《室内装饰设计教材》（彰国社），《福利社区的建筑设计——阪神大地震的思考》（学艺出版社），《无障碍化设计手册（CD-ROM）》（日文版主译，三和综合研究所），《区域设施的规划——创造面向 21 世纪的生活环境》（丸善），《人文环境的通用设计》（学艺出版社），《建设福利社区的关键要素——人文社会的环境设计》（学艺出版社）等等。

主持的建筑：奄美海洋展示馆，国际残疾人交流中心

保志场国夫（一级建筑师）

1963 年出生于金泽县。曾在京都大学研究生院工学研究科进修建筑学专业的硕士课程。就职于 UFJ 综合研究所（原三和综合研究所），曾参与公共设施的事业规划方案和新社区基本规划方案的制定工作，负责社区建设的指导工作，主持面向残疾人士、老龄人士的福利规划的实施工作。现担任 UFJ 综合研究所政策研究事业本部主任研究员，技术师（建设部门、都市和地方规划）。

编著：《无障碍化设计手册（CD-ROM）》（日文版编辑、三和综合研究所）

译者简介

陈浩

　　北京联合大学管理学院院长助理，翻译并出版著作多部，其中作为副主编参加编写的《墙面装饰工程施工技术》一书被列为教育部"十一五"规划教材，并被教育部评为 2008 年度国家级精品教材。

陈燕

　　北京协和医院副主任医师，曾长期在干部病房从事临床医疗工作，对老龄人士的治愈环境和不同人士的就诊心理颇有研究，曾翻译出版了《医疗福利建筑室内设计》。